HUGANQI JI BILEIQI SHEBEI
DIANXING GUZHANG ANLI FENXI

互感器及避雷器设备
典型故障案例分析

国网宁夏电力有限公司电力科学研究院 编

中国电力出版社
CHINA ELECTRIC POWER PRESS

内容提要

本书收集了近10年宁夏电网互感器及避雷器故障案例典型分析，分为电压互感器类设备故障、电流互感器类设备故障、避雷器类设备故障3章，案例24例，通过对互感器类及避雷器设备的故障发生概况、现场检查、故障原因等详细的阐述，为运维检修人员在互感器类设备交接验收、隐患排查、故障原因分析、故障防范等方面提供了帮助。

本书可供从事互感器类及避雷器设备运维、检测、检修、管理人员使用，也可供互感器及避雷器研究、设计开发、工程实践人员学习参考。

图书在版编目（CIP）数据

互感器及避雷器设备典型故障案例分析／国网宁夏电力有限公司电力科学研究院编．—北京：中国电力出版社，2020.1（2021.10重印）

ISBN 978-7-5198-4238-3

Ⅰ．①互… Ⅱ．①国… Ⅲ．①电压互感器—故障诊断—案例②避雷器—故障诊断—案例 Ⅳ．①TM451 ②TM862

中国版本图书馆CIP数据核字（2020）第023270号

出版发行：中国电力出版社
地　　址：北京市东城区北京站西街19号（邮政编码100005）
网　　址：http://www.cepp.sgcc.com.cn
责任编辑：陈　丽（010-63412348）
责任校对：黄　蓓　朱丽芳
装帧设计：张俊霞
责任印制：石　雷

印　　刷：河北鑫彩博图印刷有限公司
版　　次：2020年4月第一版
印　　次：2021年10月北京第二次印刷
开　　本：710毫米×1000毫米　16开本
印　　张：8.75
字　　数：128千字
印　　数：1001—1500册
定　　价：68.00元

编委会

主　　编　朱洪波　叶逢春

副 主 编　胡　伟　周　秀　何宁辉　马云龙　罗　艳

编写人员　丁　培　吴旭涛　王　玮　贾向恩　宋仕军　黎　炜
相中华　郭文东　邹洪森　马　奎　潘亮亮　蒋超伟
田　天　刘威峰　李秀广　马飞越　郭　飞　吴　杨
闫振华　张　锐　朱　林　何玉鹏　陈继尧　柴　毅
张龙清　岳利强　周明星　白　涛　朱合桥　刘世涛
郝金鹏　倪　辉　魏　莹　陈　磊　周秀萍　郭莉莉
吴　慧

前　言

近年来，随着宁夏电网建设步伐的加快，电压互感器、电流互感器及避雷器类设备用量迅速增加。截至2019年，宁夏电网电压互感器类设备故障共发生16次，涉及二次绝缘绕组异常、开关柜爆炸、膨胀器胀裂、二次接线烧损等故障；电流互感器类设备故障共发生4次，主要涉及电流互感器波纹管喷油、设备绝缘老化、介损超标等故障；避雷器类设备故障共发生4次，主要涉及避雷器内部整体受潮、阀片内部异常、绝缘击穿等故障。从现场实际情况来看，对互感器类设备进行专业深入的分析，将有助于运维检修人员提前采取措施，避免类似故障的再次发生，对于提高设备健康运行水平以及技术人员综合素质的提升具有重要意义。本书针对互感器类设备和避雷器类设备故障及处理进行阐述，可作为运维、检修、管理人员故障诊断及缺陷处理参考材料。

本书对近几年的互感器类设备和避雷器类设备故障进行了梳理和汇总，共收录典型案例24例，内容涉及互感器类设备绝缘老化、开关柜爆炸、避雷器类设备绝缘击穿等多种故障。本书以实际案例为纲，对于故障发生的概况、现场检查、事故原因等进行了详细的阐述及分析，以便吸取事故教训，减少事故、故障的发生。全书以实际案例为本，结合优秀检修试验团队宝贵试验，辅以精辟的理论分析，旨在提高运检人员对于互感器及避雷器的故障处置能力。希望通过本书案例，为电力行业运维检修人员在交接验收、隐患排查、故障分析、故障防范等方面提供交流学习的参考范例，有助于提升电力行业互感器及避雷器设备安全可靠运行水平。

本书是在国网宁夏电力公司设备管理部的支持下，由国网宁夏电力有限公司电力科学研究院、国网宁夏电力有限公司各供电公司及检修公司具体实施完成。

限于作者水平，本书不妥和错误之处在所难免，恳请专家、同行和读者给予批评指正。

作者

2020 年 1 月

目录

CONTENTS

1

电压互感器类设备故障案例分析

1.1

某 750kV 变电站 2 号主变压器高压侧电压互感器异常

1.1.1 故障简介

1.1.1.1 故障描述

2017 年 7 月 26 日，某 750kV 变电站取消合并单元改造工程结束，2 号主变压器由检修转运行，运行人员测温特巡至 2 号主变压器 750kV 侧 A 相电压互感器本体处时，发现接线盒发热，温度 86℃，保护人员随后在进行 2 号主变压器 750kV 侧电压互感器与运行线路电压互感器核相工作中，测试户外 2 号主变压器电压互感器智能柜处开口三角 A 相电压 0V，B、C 相均为 100V，开口三角 A 相电压数据异常。经过现场检查，发现 2 号主变压器电压互感器本体接线盒至 2 号主变压器电压互感器智能柜处电缆（编号 W2-B2-161A）接线存在短路。

1.1.1.2 故障设备信息

该变电站 2 号主变压器 750kV 高压侧电压互感器为单相电压互感器，型号为 TYD765/ $\sqrt{3}$ -0.005H。总额定电容量为 5000pF，总重 3150kg，出厂时间为 2014 年 7 月。

1.1.1.3 故障前运行情况

故障前，2 号主变压器处于冷备状态。7542、7540、59202、6602A 断路器在分位，如图 1-1 所示。站内工作情况为：站内合 7542 断路器对 2 号主变压器进行第一次充电。

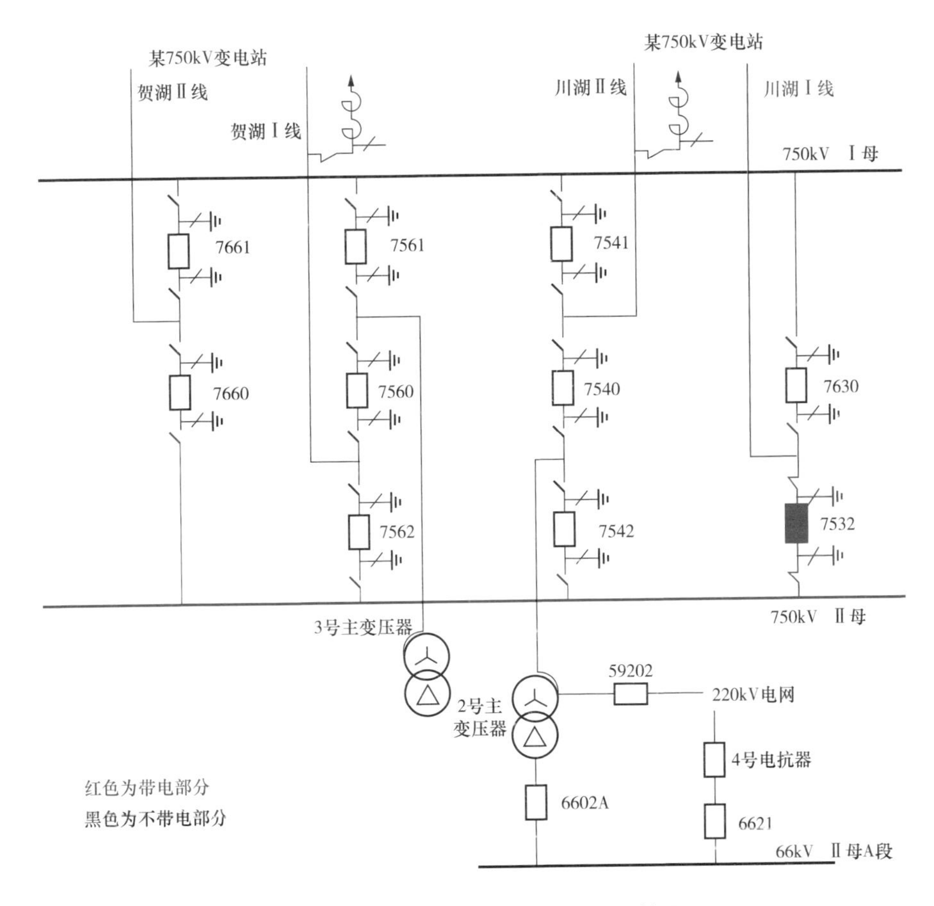

图 1-1　某 750kV 变电站站内运行情况

1.1.2 故障原因分析

1.1.2.1 现场检查及试验分析

（1）一次设备检查情况。2 号主变压器带电运行后，运行人员进行设备特巡测温，在进行至 2 号主变压器 750kV 高压侧电压互感器本体接线盒处时，A 相测温 86℃，数据异常，B 相 26℃，C 相 25℃，数据合格。后台检查 2 号主变压器高压侧电压 A 相 286kV，B、C 相 450kV，B、C 相显示正常，A 相偏低，检查 7542 断路器、75421、75422 隔离开关合闸到位，2 号主变压器高压侧电压互感器智能柜内二次接线及端子无短路放电痕迹，但 A 相开口三角绕组二次接线 da/WA.B2-161A,dn/WA.B2-161A 绝缘皮有严重受热发胀变形现象，且部分绝缘外皮粘连，如图 1-2 和图 1-3 所示。

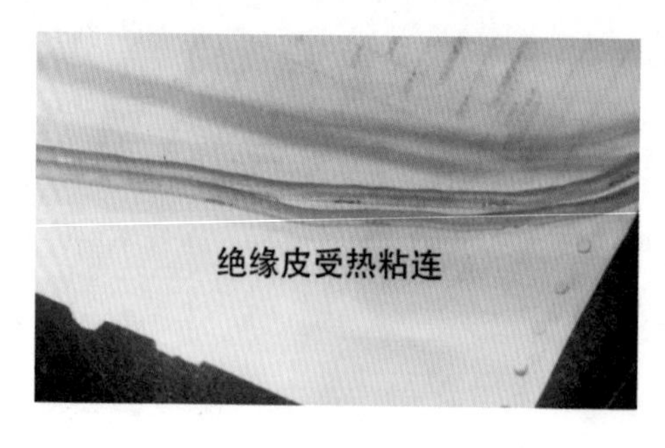

图 1-2 绝缘皮受热粘连

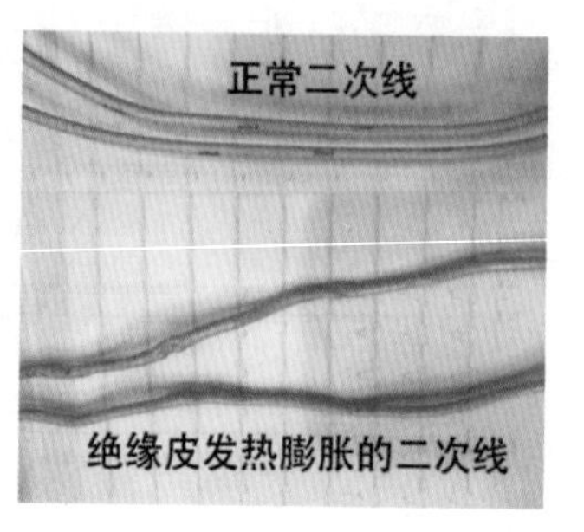

图 1-3 二次线绝缘皮发胀变形

设备转冷备后，在 2 号主变压器高压侧电压互感器智能柜用万用表测试 A 相电压互感器回路绝缘，测得开口三角 da/WA.B2-161A,dn/WA.B2-161A 二次线之间的阻值为 0.1Ω，存在短路情况，检查其余绕组正常，在 2 号主变压器高压侧 A 相电压互感器本体接线盒处，红外测温接线盒发热 100℃，打开接线盒后发现二次接线扎带绑扎处开口三角二次接线 da/WA.B2-161A,dn/WA.B2-161A 已熔接粘连在一起，如图 1-4 和图 1-5 所示。

图 1-4 电压互感器本体接线盒内部接线图

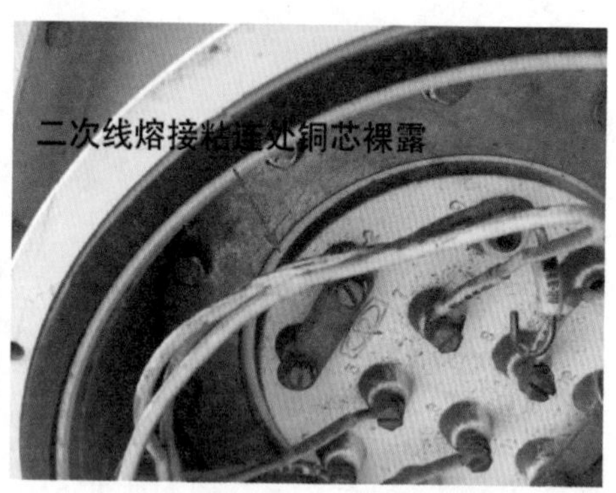

图 1-5 电压互感器本体接线盒内部短路点

主变压器转检修后，对 2 号主变压器高压侧 A 相电压互感器各绕组及套管末屏绝缘电阻，套管主绝缘、末屏介质损耗及电容量进行测试，测试结果正常。油色谱分析结果显示：氢气 801.51μL/L，总烃 1600.66μL/L，均已超过超注意值（150μL/L）。

（2）现场处理情况。对 A 相电压互感器本体进行更换，并对电压互感器进行绝缘电阻、变比、介质损耗及电容量测试，数据合格。重新敷设电缆，将接线盒至 2 号主变压器高压侧智能柜 W2.B2-161A 电缆进行更换，接线检查无误，二次升压极性测试及回路绝缘数据合格。

1.1.2.2 综合分析

（1）存在现象。将存在短路情况的 WA.B2-161A 电缆抽出后，整体检查发现以下几点情况：

1）电压互感器接线盒端电缆检查。WA.B2-161A 电缆在 2 号主变压器高压侧电压互感器接线盒及智能柜处的 da/WA.B2-161A、dn/WA.B2-161A 二次接线，部分绝缘皮发生受热发胀变形，其中接线盒内最为严重，两根二次线已经熔接粘连在一起，已经造成短路，如图 1-6 所示。

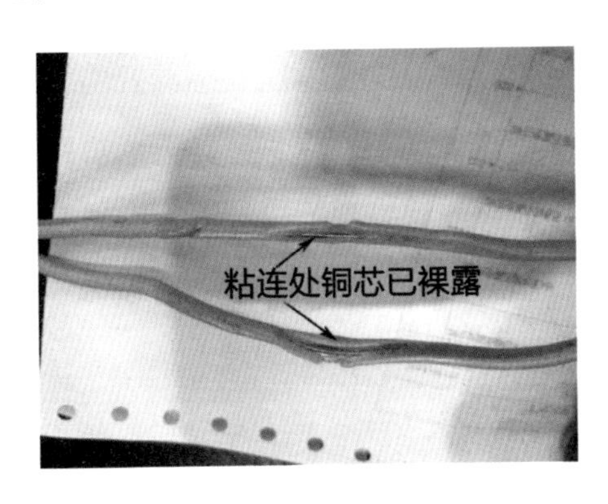

图 1-6　电压互感器智能柜内短路点

2）电压互感器智能柜端电缆检查。WA.B2-161A 电缆在 2 号主变压器高压侧电压互感器智能柜内的二次接线绝缘皮并未全部发胀、变形，在靠近接线端子约 30cm 处，二次线绝缘皮无变形，外观显示正常，从 30cm 处往下至电缆包扎头处，绝缘皮均有不同程度发胀变形现象，部分绝缘皮粘连在一起，仔细检查，在 30cm 处有明显扎带绑扎痕迹，且绑扎印痕较深，从外观能明显看出此处二次线绝缘皮过度受力，有破损情况，将两根二次线绝缘皮分离后发现，粘连处铜芯已裸露，存在短路情况，如图 1-7 所示。

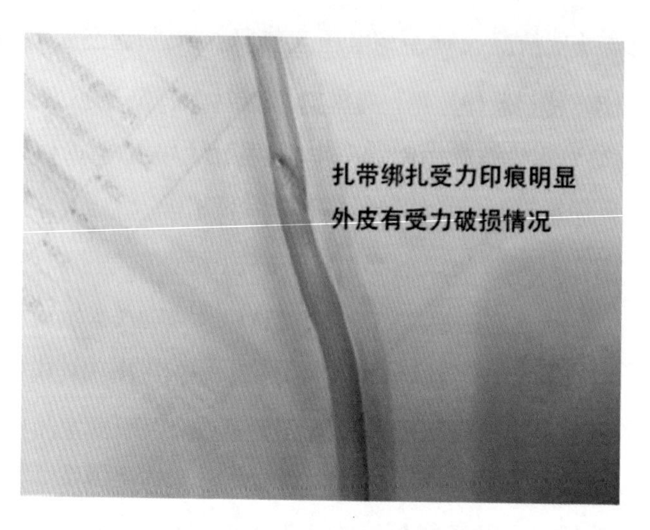

图 1-7　二次线绝缘皮损伤情况

3）整条电缆检查。对 WA.B2-161A 电缆进行全面检查，整个电缆存在两处短路点，一处位于 2 号主变压器高压侧电压互感器接线盒内，已经熔接粘连在一起，外观肉眼可见；一处位于电压互感器智能柜内，外观仅能观察有粘连现象，分离后发现粘连处铜芯已裸露，已造成短路。两处短路点均有扎带绑扎，且受力印痕明显，能观察到外皮有受力破损情况，对此根电缆其余扎带绑扎点进行检查，部分绑扎受力严重的绝缘外皮，已有轻微破损，如图 1-7 所示。

4）该变电站类似问题多次发生。该变电站已发生多次由于电缆绝缘外皮损伤造成的直流接地等故障，通过现场排查，一次设备本体至端子箱均为统一型号电缆。

2016 年 8 月，该变电站某高压电抗器 B 相重瓦斯继电器跳闸，回路 34 号线在接线盒内受力破损导致正负同时直流接地，重瓦斯继电器动作，断路器跳开，如图 1-8 所示。

2016 年 8 月 4 日，中调发起危机缺陷，该变电站直流系统正接地、现场检查发现分断 59200 Ⅳ分断Ⅱ C 相断路器机构箱 137C- Ⅰ二次线绝缘皮破损，如图 1-9 所示。

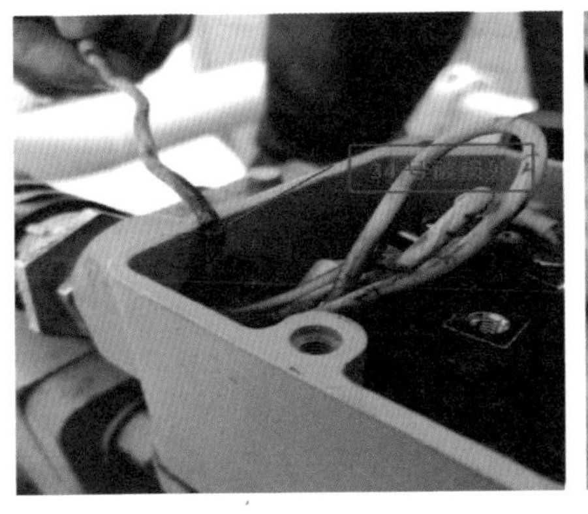

图 1-8　重瓦斯跳闸出口二次线绝缘破损图

1-9　机构箱二次线绝缘受损

（2）故障分析。

1）故障位置分析。从 WA.B2-161A 电缆受热发胀变形的情况来看，距离接线端子长度约 30cm 二次线绝缘皮未出现发热现象，由此可判断短路电流并未流过这部分二次线，从大约 30cm 处开始，da/WA.B2-161A、dn/WA.B2-161A 二次线开始出现变形发胀，且部分二次线已经粘连，说明短路点就在距离接线端子大约 30cm 处，短路电流从这里流回，此处有扎带绑扎明显痕迹。

2）故障位置扩大分析。当合 7542 断路器对 2 号主变压器进行充电时，2 号主变压器高压侧电压互感器带电，A 相电压互感器开口三角电压回路在 B 短路点形成故障回路，长时间短路下，电流回路发热，造成绝缘皮严重破损，使 A 相开口三角电压在 B 处形成永久短路点（见图 1-10），进而发展成 da/WA.B2-161A、dn/WA.B2-161A 二次线绝缘皮在 A 相电压互感器本体接线盒内 A 点又出现二次短路现象（见图 1-11），检查发现短路点同样在扎带绑扎处。

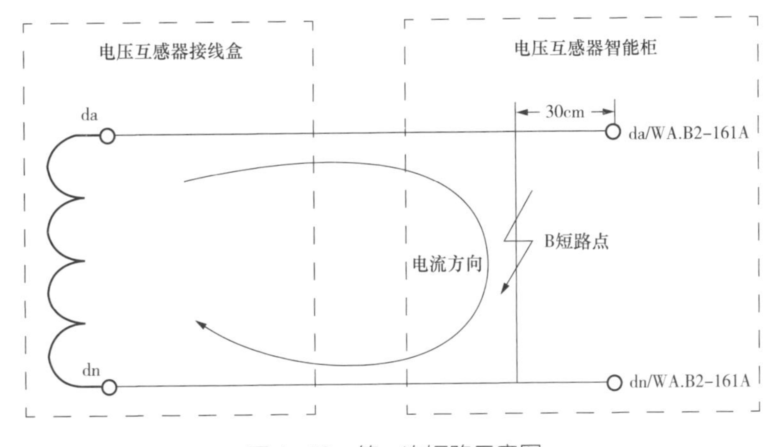

图 1-10　第一次短路示意图

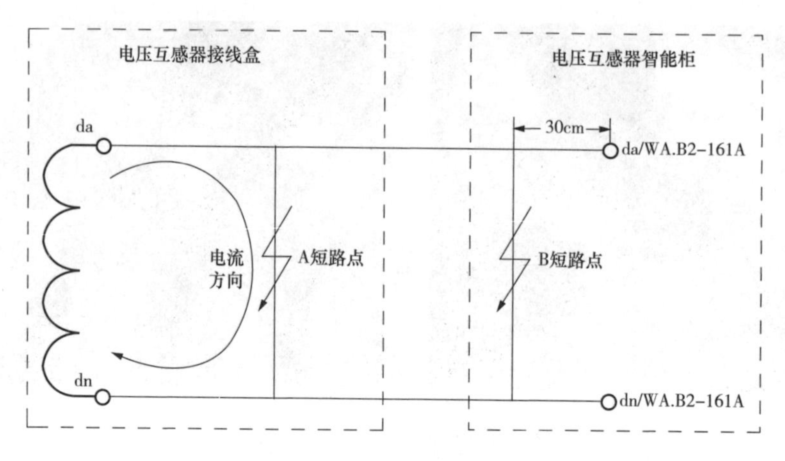

图 1-11　第二次短路示意图

3）故障的促进因素。该变电站取消合并单元改造周期较长，检修人员为了施工时便于开展工作，多次将户外智能柜空调电源断开，在高温天气影响下，加之智能柜内智能单元本身发热，装置温度多为 60~70℃，使柜内温度长时间处于 50~70℃，持续的高温环境会造成二次线绝缘皮软化，这种情况下，由于扎带的收缩特性，绑扎过紧就会加剧绝缘皮破损程度，使扎带严重深嵌入绝缘皮内，造成二次线之间短路。这一点可以从其他未发生短路的绑扎印痕可以验证，解开扎带后，肉眼可分辨二次线绝缘皮有绑扎受力破损现象。

1.1.2.3 后续处理情况

2017 年 7 月 28 日，国网宁夏电力有限公司检修公司将该变电站 2 号主变压器 750kV 侧 A 相电压互感器返厂，8 月 1 日，对该支电压互感器进行厂内检查。在解体检查前再次开展分压电容器、耦合电容器电容量和介损、空载损耗测试，试验结果与出厂值相比无异常。解体后，发现内部电磁单元有明显气味，绝缘油轻微碳化，二次线表皮受损发黑，油箱底部有些许黑色颗粒。故障电磁单元烧黑的绝缘油和二次线如图 1-12 和图 1-13 所示。

图 1-12　劣化的绝缘油

图 1-13　发黑的二次线

随后，厂家对电磁单元进行吊芯检查，采用新绝缘油对绕组、阻尼器、补偿电抗等部件进行清洗，对所有二次线进行更换，处理完毕后，充新油静置。8 月 2 日，对组装完毕的电压互感器进行感应耐压试验（37.6kV/40s），试验通过。处理后的绝缘油和二次线如图 1-14 和图 1-15 所示。

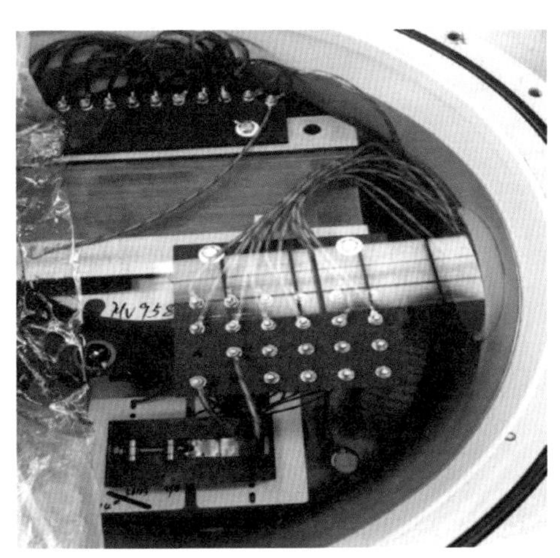

图 1-14　新换绝缘油

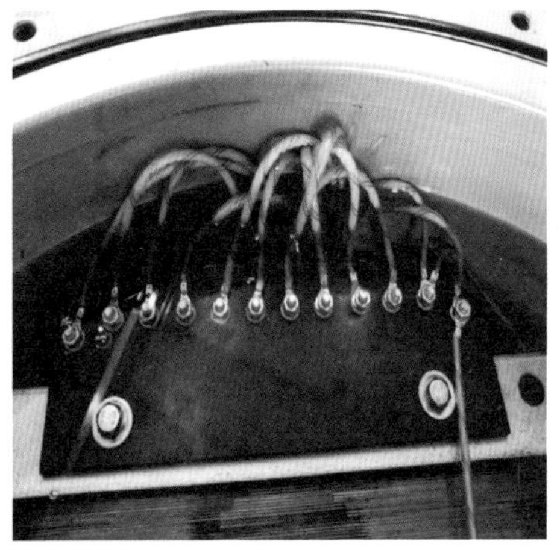

图 1-15　新换二次线

从解体检查的情况可以看出：设备内部未发生故障和损坏。解体检查结论与之前现场分析结论一致。

1.1.3 结论及建议

1.1.3.1 结论

通过上面的分析可知，此次故障主要原因为设备外部二次长期短路造成电磁单元内部二次绕组过载，二次绕组之间互感，发热量陡增，油箱温升过高，绝缘油受热碳化，二次线受电流和绝缘油热作用变黑。

1.1.3.2 建议

（1）全面检查该变电站户外智能柜内同批次电缆接线情况，是否存在未暴露出来的破损电缆，重点检查扎带绑扎处有无受力严重，或者已经出现轻微伤痕的情况。

（2）将此电缆送至国网宁夏电力科学研究院进行测试，检查电缆本身是否存在质量问题。

（3）将返厂检修完毕的电压互感器返回国网宁夏电力有限公司检修公司，后期结合某 ±800kV 换流站扩建进行更换。

1.2

某 110kV 变电站 I 母电压互感器故障

1.2.1 故障简介

1.2.1.1 故障描述

2017 年 10 月 16 日 14 时 49 分 42 秒，某 110kV 变电站 35kV 报 35kV Ⅰ母接地告警动作、35kV Ⅱ母接地告警动作。

14 时 49 分 42 秒，某 110kV 变电站 35kV 报 35kV Ⅰ母接地告警、35kV Ⅱ母接地告警复归、35kV Ⅱ母接地告警复归。

14 时 54 分 56 秒，某 110kV 变电站 35kV 报 35kV Ⅰ母接地告警、35kV Ⅱ母接地告警动作、35kV Ⅱ母接地告警动作。

14 时 54 分 57 秒，某 110kV 变电站 35kV 报 35kV Ⅰ母接地告警、35kV Ⅱ母接地告警复归、35kV Ⅱ母接地告警复归。

14 时 58 分 16 秒，某 110kV 变电站 35kV 报 35kV Ⅰ母接地告警、35kV Ⅱ母接地告警动作、35kV Ⅱ母接地告警动作。

14 时 54 分 57 秒，某 110kV 变电站 35kV 报 35kV Ⅰ母接地告警、35kV Ⅱ母接地告警复归、35kV Ⅱ母接地告警复归。

14 时 58 分 19 秒，某 110kV 变电站 35kV 报 35kV Ⅰ母接地告警、35kV Ⅱ母接地告警复归、35kV Ⅱ母接地告警复归。

15 时 02 分 15 秒，某 110kV 变电站 35kV 报 35kV Ⅰ母消谐装置谐振告警动作、35kV I 母消谐装置谐振告警动作。

15 时 03 分 13 秒，某 110kV 变电站 35kV 报 35kV Ⅰ母消谐装置谐振告警复归、35kV Ⅰ母消谐装置谐振告警复归。

15 时 02 分 46 秒，某 110kV 变电站 35kV 报 35kV Ⅰ母接地告警、35kV Ⅱ母接地告警动作、35kV Ⅱ母接地告警动作。

15 时 03 分 14 秒，某 110kV 变电站 35kV 报 35kV Ⅰ母接地告警、35kV Ⅱ母接地告警复归、35kV Ⅱ母接地告警复归。

15 时 09 分 23 秒，地调远方遥控 300 母联开关分闸，35kV Ⅰ/Ⅱ母电压解列。

15 时 37 分 39 秒，某 110kV 变电站 35kV 报 35kV Ⅰ母接地告警动作。

15 时 39 分 07 秒，某 110kV 变电站 35kV 报 35kV Ⅰ母接地告警复归。

15 时 44 分 27 秒，某 110kV 变电站 35kV 报 35kV Ⅰ母接地告警动作。

15 时 46 分 16 秒，某 110kV 变电站火灾报警动作。

1.2.1.2 故障设备信息

故障设备基本情况如表 1-1 所示。

表 1-1　故障设备基本情况

设备名称	设备型号	投运时间	最近试验日期	例行试验结论
35kV Ⅰ母电压互感器	JDZXW-35	2015 年 7 月	2017 年 9 月 12 日	合格
35kV Ⅰ母电压互感器一次消谐器	KM-YXQ-35	2016 年 10 月	2017 年 9 月 12 日	合格

1.2.1.3 故障前运行情况

故障前该变电站 35kV Ⅰ母电压互感器处于运行状态，35kV Ⅱ母电压互感器处于备用状态。35kV Ⅰ母处于运行状态，35kVⅠ、Ⅱ段母线并列运行。

1.2.2 故障原因分析

1.2.2.1 现场检查及试验分析

（1）一次消谐器外观良好，如图 1-16 所示。

图 1-16　一次消谐器外观图

（2）35kV Ⅰ母电压互感器 B 相本体上部有明显裂纹，柜内其他设备表面有明显烧蚀灰尘，如图 1-17 所示。

图 1-17　35kV Ⅰ母电压互感器 B 相击穿和柜内设备情况图

1.2.2.2 设备故障录波分析

（1）第一次接地故障分析。2017 年 10 月 16 日 14 时 49 分 42 秒，该变电站 35kV 报 35kV Ⅰ母接地告警动作、35kV Ⅱ母接地告警动作。告警时刻的录波图如图 1-18 所示。

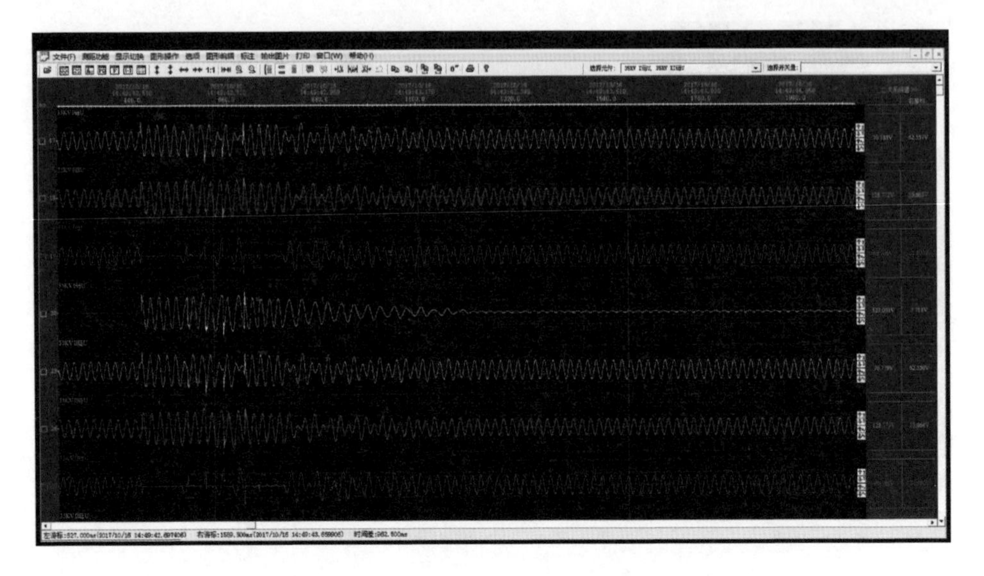

图 1-18　35kV 母线第一次接地告警时刻录波图

由图 1-18 可以看出，14 时 49 分 42 秒发生瞬时性弧光接地。非故障相电压 A/B 为 104.22/104.56V，故障相 C 相电压为 1.07V，开口电压达 124.5V，并且故障持续 330ms。

接地恢复后，由于电压冲击造成电压互感器二分频谐振，谐振时间持续 427ms。说明一次消谐器吸收谐振能量起到消谐作用。

谐振恢复后，三相电压出现不平衡，A 相 62.56V，B 相 55.66V，C 相 61.59V，零序电压达到 7.7V，不平衡度达到 8%，持续 2min 后零序电压恢复为 3.4V，但 B 相电压仍较 A、C 相低。这种情况为正常情况，35kV 的一次消谐器在电压低于 10V 时，消谐能力差，但是持续几分钟后系统电压会恢复正常。

（2）第二次接地故障分析。35kV 母线第二次接地告警时刻录波图如图 1-19 所示。

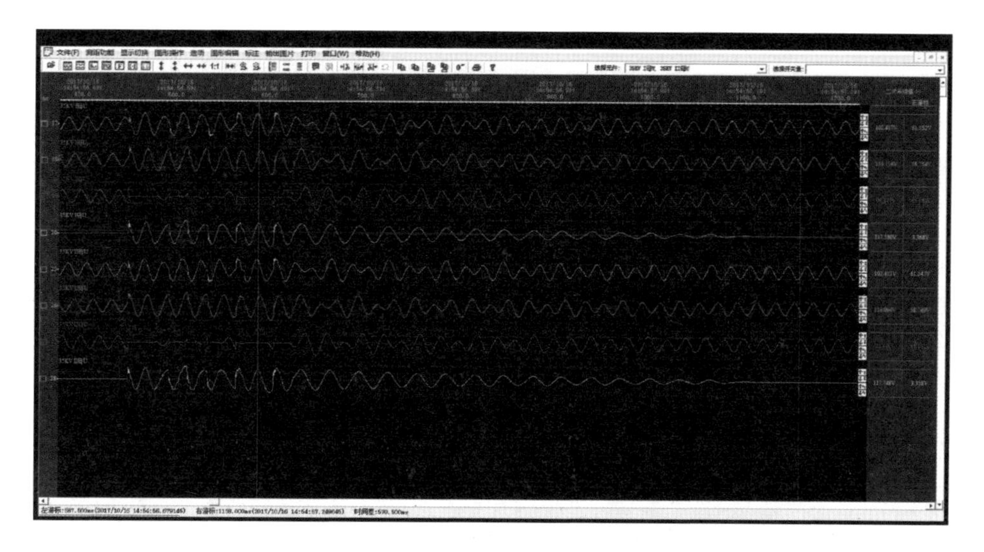

图 1-19　35kV 母线第二次接地告警时刻录波图

由图 1-19 可以看出，14 时 54 分 56 秒发生瞬时性弧光接地。非故障相电压 A/B 为 102.41/116.11V，故障相 C 相电压为 3.01V，开口电压达 117.58V，并且故障持续 117.6ms。

接地恢复后，由于电压冲击造成电压互感器二分频谐振，谐振时间持续 474ms。说明一次消谐器吸收谐振能量起到消谐作用。然后系统恢复正常。

（3）第三、四次接地故障分析。第三、四次接地故障分析如图 1-20 所示，从图可以看出，出现两次瞬时性弧光接地。

1）14 时 58 分 16 秒发生瞬时性弧光接地。非故障相电压 A/B 为 102.68/101.96V，故障相 C 相电压为 3.89V，开口电压达 100.87V，并且故障持续 63ms。

接地恢复后，由于电压冲击造成电压互感器二分频谐振，谐振时间持续 500ms。说明一次消谐器吸收谐振能量起到消谐作用。然后系统恢复正常。

2）14 时 58 分 17 秒发生瞬时性弧光接地。非故障相电压 A/B 为 100.48/100.89V，故障相 C 相电压为 3.68V，开口电压达 100.91V，并且故障持续 1488.6ms。

接地恢复后，由于电压冲击造成电压互感器二分频谐振，谐振时间持续 500ms。说明一次消谐器吸收谐振能量起到消谐作用。然后系统恢复正常。

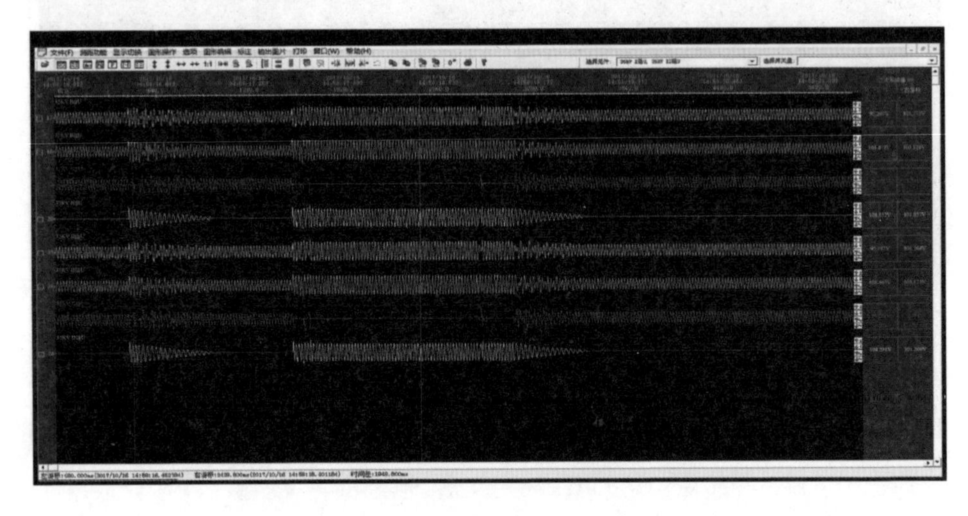

图 1-20　35kV 母线第三、四次接地告警时刻录波图

（4）第五次接地故障分析。第五次接地故障录波如图 1-21 所示。

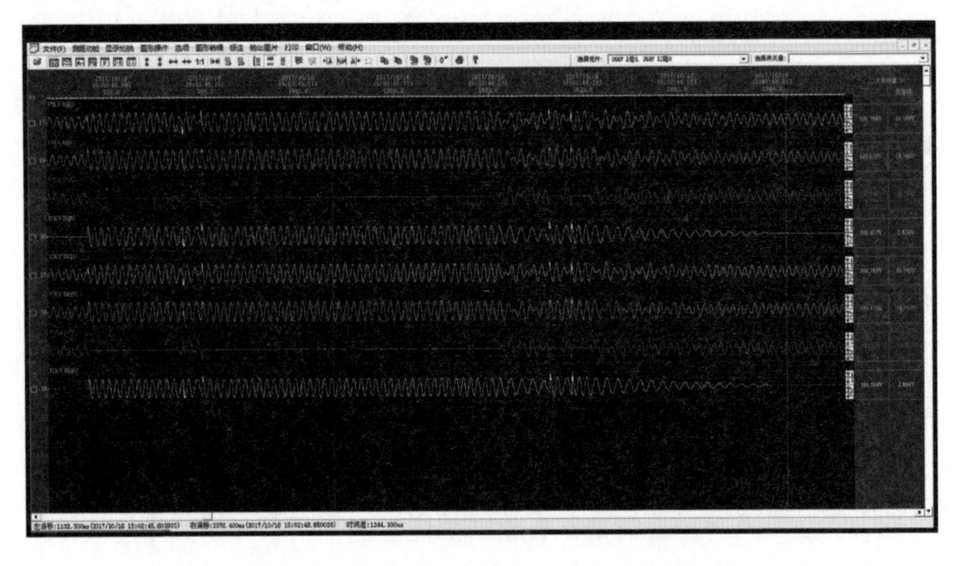

图 1-21　35kV 母线第五次接地告警时刻录波图

15 时 02 分 45 秒发生瞬时性弧光接地。非故障相电压 A/B 为 101.26/103.27V，故障相 C 相电压为 3.74V，开口电压达 101.04V，并且故障持续 1139.4ms。

接地恢复后，由于电压冲击造成电压互感器二分频谐振，谐振时间持续 761ms。说明一次消谐器吸收谐振能量起到消谐作用。系统电压恢复正常。

（5）第六次接地故障分析。第六次接地故障录波如图 1-22~ 图 1-24 所示。

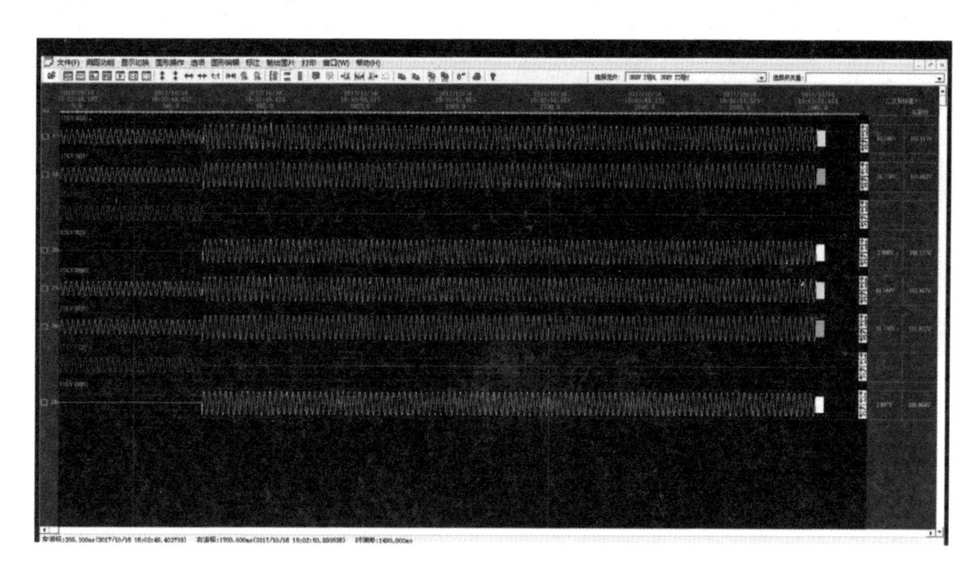

图 1-22　35kV 母线第六次接地告警时刻录波图（一）

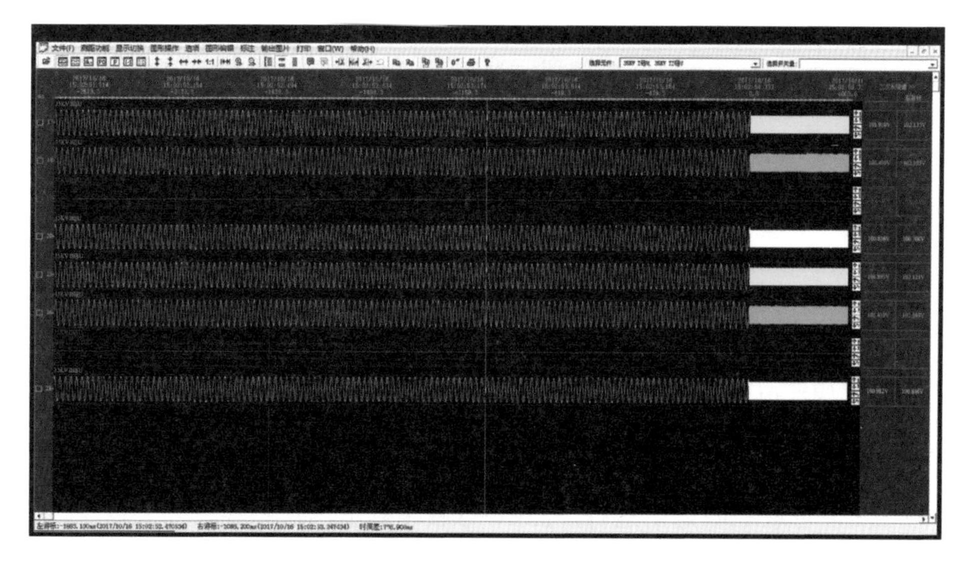

图 1-23　35kV 母线第六次接地告警时刻录波图（二）

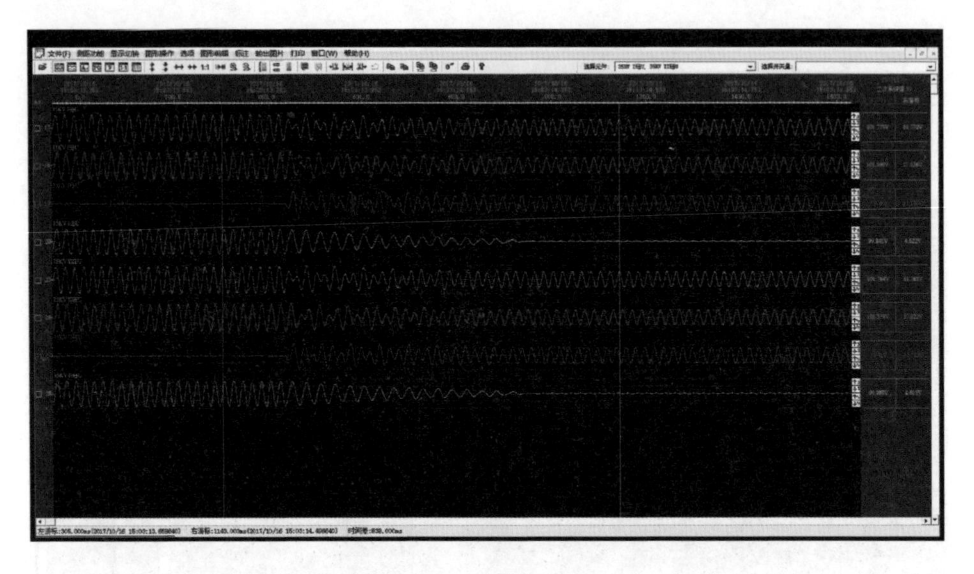

图 1-24　35kV 母线第六次接地告警时刻录波图（三）

15 时 02 分 49 秒发生较长时间的金属性接地。非故障相电压 A/B 为 101.77/101.59V，故障相 C 相电压为 3.93V，开口电压达 99.84V，并且故障持续 24s。

接地恢复后，由于电压冲击造成电压互感器二分频谐振，谐振时间持续 763ms。说明一次消谐器吸收谐振能量起到消谐作用。然后系统恢复正常。

谐振恢复后，三相电压出现不平衡，A 相 61.7V，B 相 57.8V，C 相 61.2V，零序电压达到 4.6V，不平衡度达到 7.2%，可能是 B 相电压互感器受到故障电压冲击二次绕组匝间绝缘损坏，出现匝间短路，使变比增大，从而出现 B 相电压减小的现象。

（6）母联 300 退出运行。35kV 母联 300 退出运行录波图如图 1-25 所示。

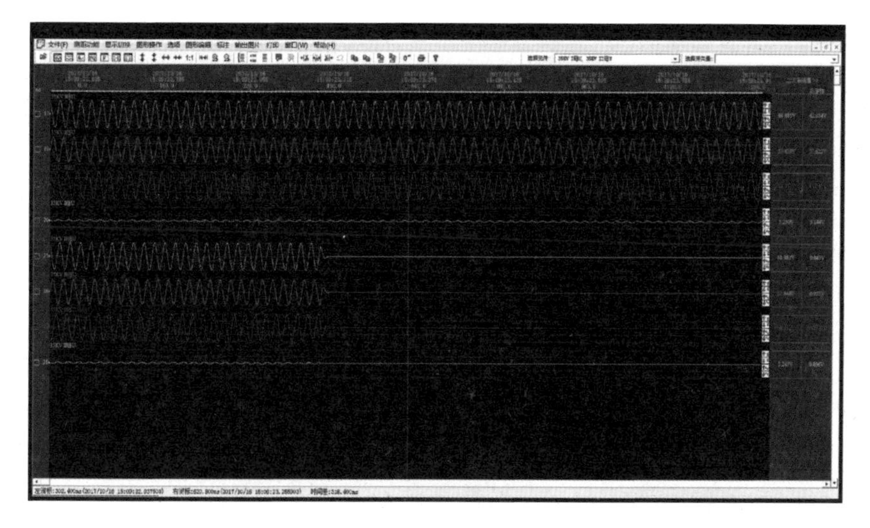

图 1-25　35kV 母联 300 退出运行录波图

2017 年 10 月 16 日 15 时 09 分 22 秒，地调远方遥控分闸该变电站 35kV 母联 300 开关。

在母联 300 开关分闸后，35kV Ⅱ母二次失压，同时Ⅰ母 B 相电压仍低于 A、C 相电压。

三相电压出现不平衡，A 相 62V，B 相 57.6V，C 相 61.3V，零序电压达到 4.6V，不平衡度达到 7.4%。

（7）不平衡电压逐渐增大录波分析。不平衡电压逐渐增大录波分析如图 1-26~ 图 1-28 所示。

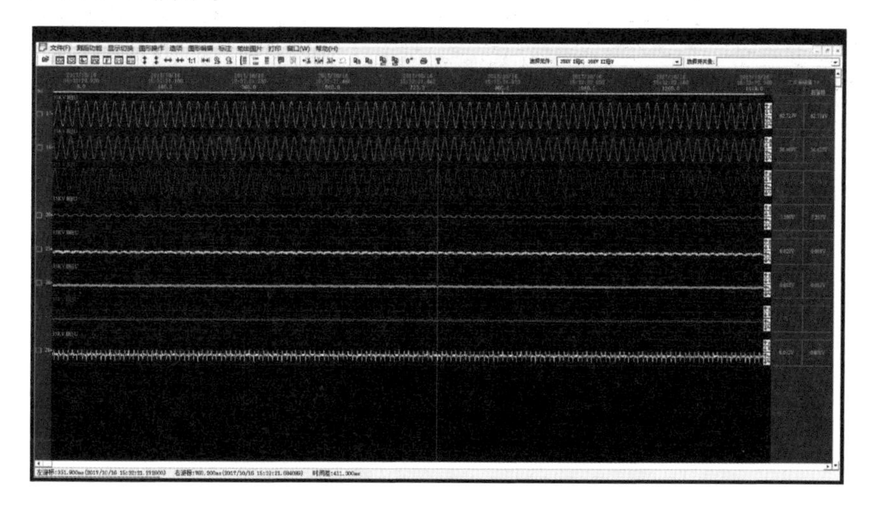

图 1-26　35kV 母线不平衡电压增大录波图（一）

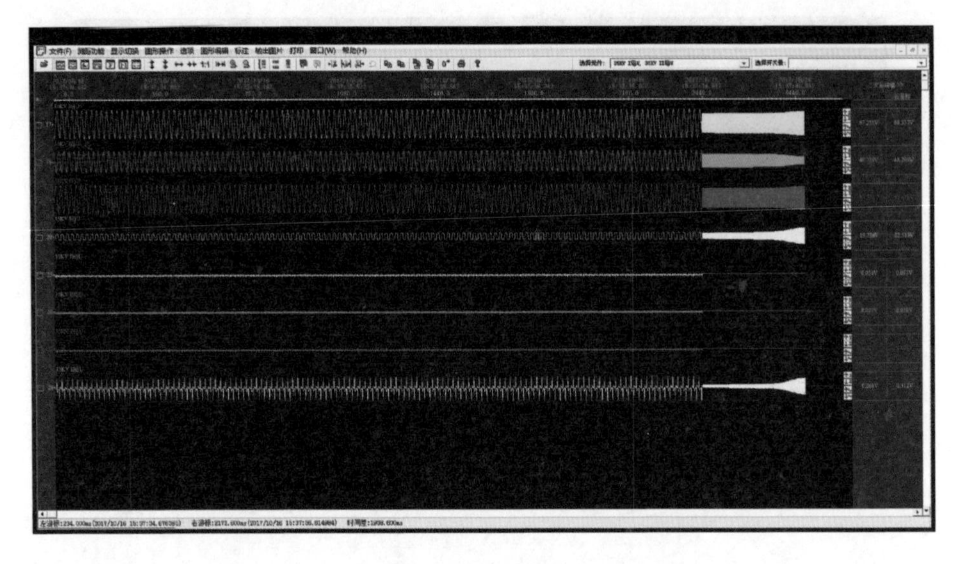

图 1-27　35kV 母线不平衡电压增大录波图（二）

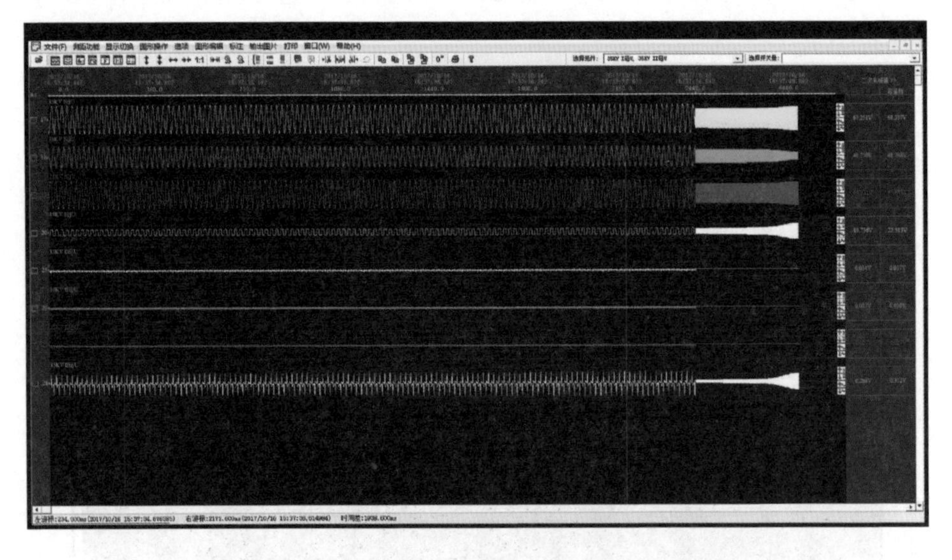

图 1-28　35kV 母线不平衡电压增大录波图（三）

从 15 时 32 分 21 秒到 15 时 37 分 34 秒，三相电压出现严重不平衡，A 相 68.34V，B 相 48.29V，C 相 65.62V，零序电压达到 22.51V，不平衡度达到 18.4%。由此可以看出，B 相电压互感器由于受到接地短路电压和谐振电压冲击，二次绕组绝缘受损程度逐渐加重。

（8）C 相电压异常录波分析。35kV 母线 C 相电压异常录波图如图 1–29 所示。

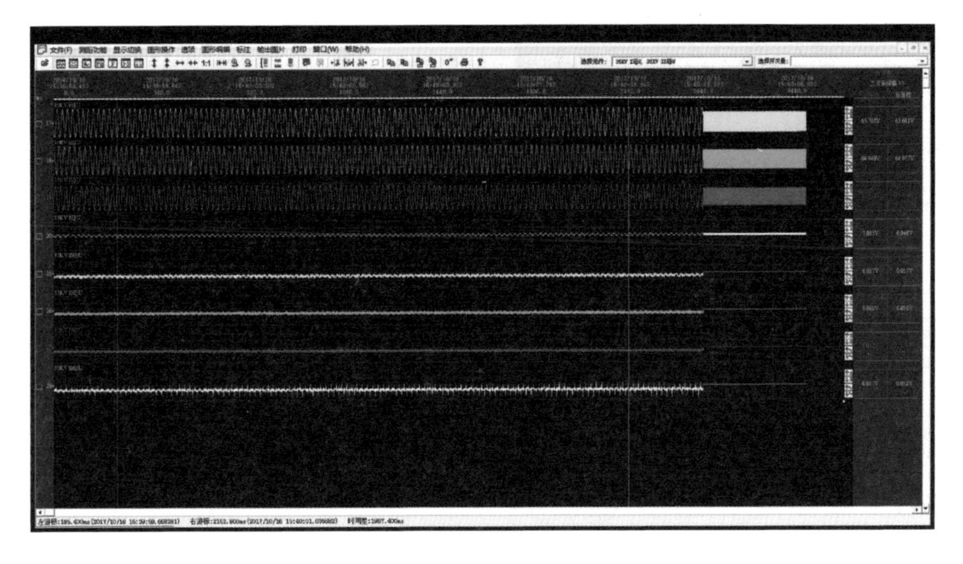

图 1-29　35kV 母线 C 相电压异常录波图

从 15 时 39 分 59 秒开始，C 相电压出现异常，三相电压不平衡，A 相 65.7V，B 相 65V，C 相 57.4V，零序电压达到 7V，不平衡度达到 13.8%。B 相电压升高，可能是内部绝缘损坏影响到一次绕组，造成一次绕组匝间短路，使变比减小。此时也可能出现了零点漂移现象。

（9）B 相电压互感器断线录波分析。35kV Ⅰ母电压互感器 B 相断线录波图如图 1-30 所示。接地相量图如图 1-31 和图 1-32 所示。

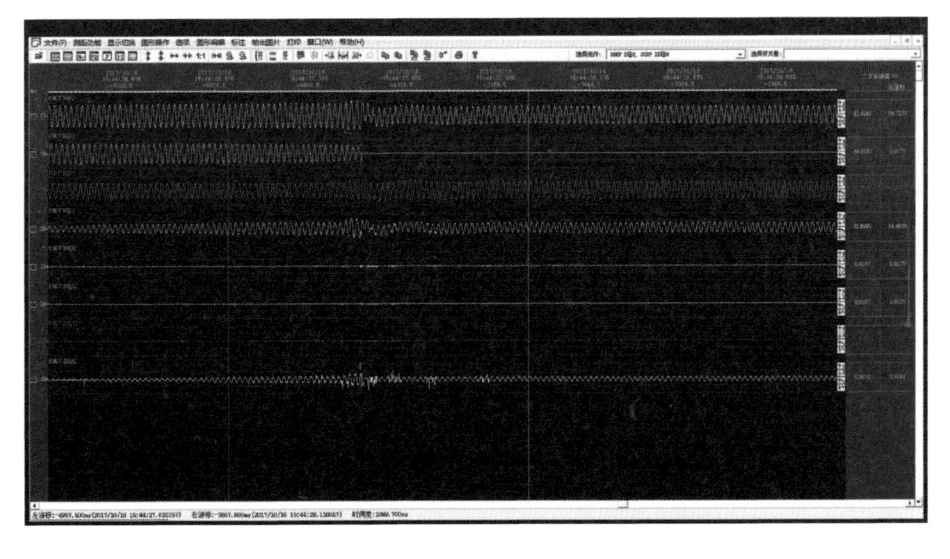

图 1-30　35kV Ⅰ母电压互感器 B 相断线录波图

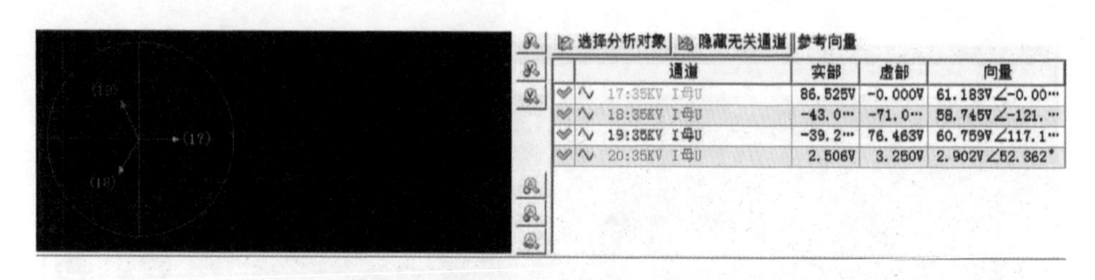

通道	实部	虚部	向量
17:35KV Ⅰ母U	86.525V	-0.000V	61.183V∠-0.00…
18:35KV Ⅰ母U	-43.0…	-71.0…	58.745V∠-121.…
19:35KV Ⅰ母U	-39.2…	76.463V	60.759V∠117.1…
20:35KV Ⅰ母U	2.506V	3.250V	2.902V∠52.362°

图 1-31　第六次接地故障前相量图

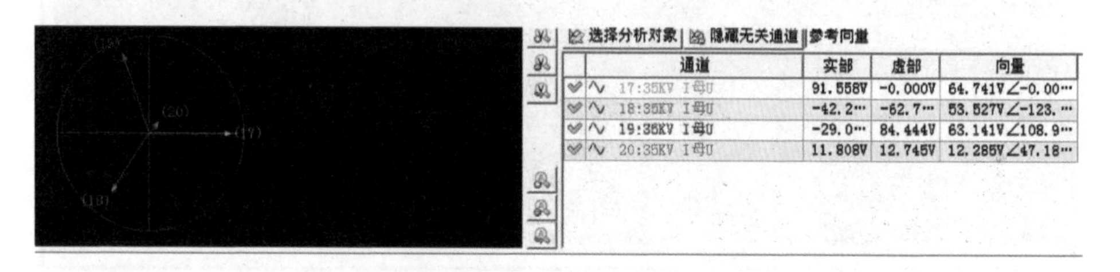

通道	实部	虚部	向量
17:35KV Ⅰ母U	91.558V	-0.000V	64.741V∠-0.00…
18:35KV Ⅰ母U	-42.2…	-62.7…	53.527V∠-123.…
19:35KV Ⅰ母U	-29.0…	84.444V	63.141V∠108.9…
20:35KV Ⅰ母U	11.808V	12.745V	12.285V∠47.18…

图 1-32　第六次接地故障后相量图

15 时 44 分 24 秒，零序开口电压逐渐升高，三相电压不平衡度逐渐增大。15 时 44 分 27 秒，出现电压互感器二次断线的现象，A 相 59.7V，B 相 0V，C 相 59.6V，零序电压达到 34V。

可能原因：由于短时间内发生了多次接地故障，在故障电压和谐振电压冲击以及热效应的作用下，B 相电压互感器二次绕组出现匝间绝缘损坏，在继续运行的过程中绝缘损坏程度逐渐严重。短时间内的多次接地故障，一次消谐器需要不断地吸收谐振能量，故障的累积效应使得消谐器性能异常，起不到保护电压互感器的作用。

综上可知，从第一次接地告警到电压互感器一次击穿共持续 55min，接地告警 6 次。在第六次接地故障前，零序电压不大于 3V，说明电压互感器和消谐器均未损坏。第六次接地故障后，B 相电压不断降低，零序电压不断增大，且谐振持续时间从第一次接地故障后的 427ms 增长到第六次接地故障后的 763ms，增加了 78.69%。说明第六次接地故障后消谐器内部损坏，失去了阻尼和限流的作用，不能抑制谐振。B 相电压互感器也从第六次接地故障后出现匝间短路，随着继续运行，内部绝缘损坏程度逐步加重，最终导致绝缘击穿。

35kV Ⅰ母电压互感器 B 相解体检查，发现内部绕组明显烧损，可以看出电压互感器经历了长时间谐波，出现较大的励磁涌流，导致绕组烧损，如图1-33所示。

图 1-33　解体检查情况

对消谐器进行绝缘电阻试验：整体对地绝缘电阻 10000MΩ。测量直流电阻值为 12.5kΩ，正常消谐器直流电阻值为 75kΩ，直流电阻值减少 83%。可以看出直流电阻值明显偏小，消谐器内部存在击穿损坏现象，失去限流和阻尼作用，也导致电压零点漂移。

1.2.3 结论及建议

1.2.3.1 结论

此次故障主要是由于消谐器长时间受谐波作用导致损坏，消谐器损坏后失去抑制铁磁谐振作用。B 相电压互感器持续受谐波作用产生铁磁谐振，发生严重励磁涌流，持续运行 55min，最终绕组烧损，导致故障。

1.2.3.2 建议

（1）对于同类型设备及运行年限较长的消谐器和电压互感器，应在例行试验时密切关注试验数据的变化趋势，严格按照设备状态评价结果及时安排停电试验，发现问题及时处理。

（2）防止铁磁谐振的产生，应从改变系统电气参数着手，破坏回路中发生铁磁谐振的参数匹配。当电网发生单相接地故障时，为改变电压互感器的谐振参数，可通过装设二次消谐装置在谐振产生时将电压互感器二次侧开口三角绕组短接。

1.3

某 110kV 变电站系统电压不平衡

1.3.1 故障简介

某 110kV 变电站 10kV 系统发生系统接地，当时的电压数据为：U_A=6.2kV、U_B=6.2kV、U_C=0.3kV，$3U_0$=57V。

随后电压数据为：U_A=10.2kV、U_B=10.5kV、U_C=0.3kV，$3U_0$=103V，即10kV 系统单相接地运行，通过选线，确定为某 10kV 线路发生单相接地。

之后，10kV 系统电压变为：U_A=0.2kV、U_B=10.3kV、U_C=10.5kV，$3U_0$=103V，即：10kV 系统接地相由 C 相转至 A 相。

接地情况已经存在 2h，线路巡线并未找到接地点，随即调度下令将接地线路由运行转热备，但发现 10kV 系统接地仍然存在。调度再次下令将该变电站剩余 10kV 出线以及站用变压器均由运行转热备，但 10kV 系统接地仍未消失。

这时，变电站 10kV 系统确定为母线接地，断开 501 开关，将 10kV 母线转检修进行检查。

1.3.2 故障原因分析

1.3.2.1 现场检查情况

现场进行检查发现，10kV 系统母线接地的原因为 51-9PT 的 A 相烧化，致使 A 相对开关柜外壳接地。

此次接地过程大致为，先是 10kV 出线发生间歇性接地，经一段时间后接地消失，随后母线电压互感器的 A 相发生击穿，致使母线永久性接地。

首先对 10kV 母线进行了检查（该变电站 10kV 系统母线仅为 I 段），

三相的相间及对地绝缘均为1000MΩ，母线耐压为38kV通过，母线试验情况正常。

对电压互感器柜除烧化A相的其他设备进行检查，正常相B、C的绝缘电阻、感应耐压（该组电压互感器为半绝缘固体浇注）、变比测试均正常。高压熔断器及消谐器的检查也为正常。

1.3.2.2 现场处理情况

随即调来同型号的电压互感器，将原来的故障相A相进行替换。更换完毕后又进行了绝缘电阻、直流电阻及感应耐压试验，各项试验数据均合格。

设备更换检查完毕后，对10kV系统母线充电，送电后发现10kV系统空载母线电压不平衡：U_A=5.57kV、U_B=6.55kV、U_C=6.37kV，$3U_0$=7.2V（零序电压的动作值大约为30V）。在投运10min左右后，向调度申请停电，再次将电压互感器柜拉出进行检查。对三相电压互感器的变比进行了测试，变比情况良好，平衡并且在误差允许范围内。

判断可能是10kV的谐振及其他方面的原因造成的电压不平衡，于是向调度申请送电。在10kV系统带一条出线后，母线电压不平衡问题消失，系统运行情况正常。

由于正值雷雨季节，线路再次发生单相接地故障，故障消失后，再次对电压互感器的绝缘及特性检查，没有发现问题。

检查完线路故障后，继续将电压互感器投入运行，空投母线时的电压不平衡现象仍然存在，零序电压也仍然有一定数值，但数值不大。于是决定将电压互感器进行更换，更换为全绝缘的电压互感器，在试验室中对该组设备进行了绝缘、耐压、励磁特性、变比、直流电阻的试验，试验数据均合格。

但更换完全绝缘电压互感器（同批次的产品）后将其投入，空投母线的电压不平衡现象依旧，进而证明，更换电压互感器并不是解决母线电压不平衡的有效途径。

1.3.2.3 综合分析

（1）系统发生单相接地后正常相电压升高，由于半绝缘设备的首末端绝缘不一致，致使二次绕组烧损。或是由于发生单相接地后，由于频率和参数的匹配，致使有些谐振过电压，造成半绝缘电压互感器的破坏程度的累计，最终导致烧损。

（2）空投母线时的母线电压不平衡，考虑应是系统方面的原因，此时的电感、电容元件仅为变压器低压绕组的漏抗、开关断口、电压互感器的电磁线圈、母排的相间及对地电容。由于这些参数的变化造成了电压的不平衡，致使其中一相电压略为降低，其他两相电压稍有升高。

1.3.3 结论及建议

1.3.3.1 结论

（1）有些情况下，空投母线的电压不平衡可能是由于工频位移过电压的产生造成的，即中性点位移发生偏移，致使在矢量三角形内，两相电压升高，一相电压降低，出现这种情况的原因是电磁线圈的导纳不平衡，或者是容性、感性设备的叠加，由于容性、感性元件的不同，使得叠加后的值不同造成的电压不平衡。

（2）一个现象就是如果系统带出线后，这种不平衡现象就会消失。这时由于出线是呈容性的，且电容较大，使得系统整个是容性，这时，电感元件已经不起决定性的作用了。

1.3.3.2 建议

当母线电压存在不平衡时，应综合分析电压互感器、母线带负荷性质等情况，确定电压不平衡的真正原因。如果存在谐波，应及时在电压互感器尾端安装消谐器。如果有条件的话，应尽量采用全绝缘电压互感器，以提升中性点绝缘水平。

1.4

某 110kV 变电站母线电压不平衡

1.4.1 故障简介

1.4.1.1 故障描述

某变电站 35kV 系统发生单相接地，同时 10kV 系统出现谐振现象。经选线为 35kV 出线发生接地，经检查，用户设备无异常。将该线路由运行转热备后，35kV Ⅰ母电压恢复正常。

1.4.1.2 故障前运行情况

该 110kV 变电站有两台 20000kVA 的变压器并列运行，110、35、10kV 系统均为单母分段接线方式。仅 35kV Ⅰ段带一条扬水负荷出线，扬水出线退出运行时负荷为零。

1.4.2 故障原因分析

1.4.2.1 现场检查

现场检查 51-9PT 设备柜冒烟，随 500 母联开关转热备，并将 1 号主变压器 501 开关转冷备、2 号主变压器 502 开关转热备，进行故障排查。经现场检查 51-9PT 消谐器击穿，其他 10kV Ⅰ段母线设备均正常，把消谐器打开之后，将 51-9PT 及 1 号主变压器 501 开关均转运行，500 母联开关转运行，10kV Ⅰ、Ⅱ段母线电压均正常。

1.4.2.2 原因分析

35kV 系统接地产生较高的零序电压（中性点位移电压），此电压通过中低压（35kV 和 10kV）间的耦合电容传递到低压侧（10kV 侧），形成传递过电压（见图 1-34）。传递过电压与原来的对称三相电压迭加，使得 10kV 系统三相对地电压发生变化，不再对称（见图 1-35）。

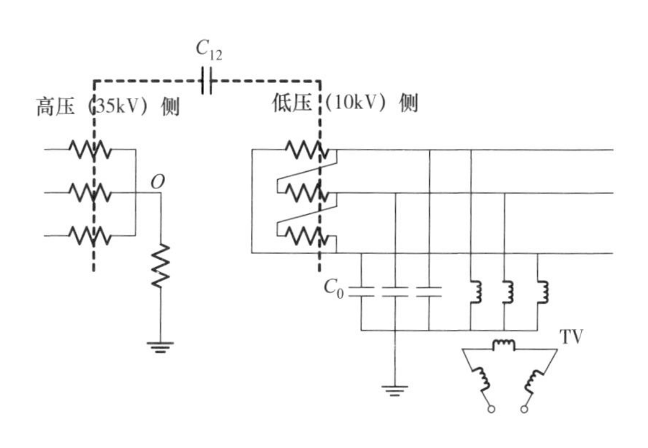

图 1-34　变压器在传递过电压中的接线图

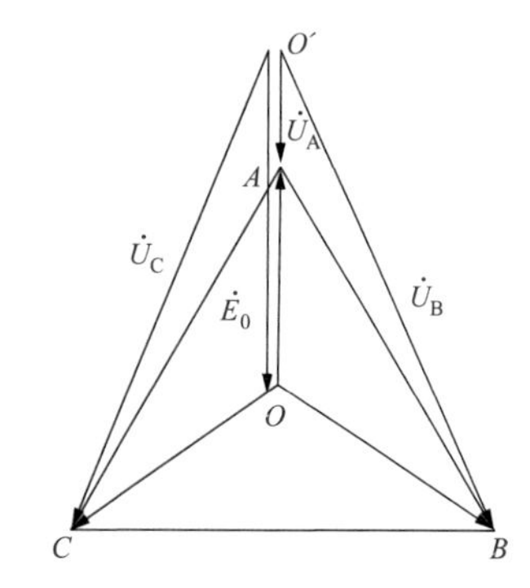

图 1-35　中性点位移电压相量

同时，传递过电压使 10kV 系统的 51-9 电磁式电压互感器铁芯饱和，由于三相电压互感器饱和程度不一样，出现互感器的一相或两相电压升高，也可能三相电压同时升高。事件中是 B、C 两相电压升高。

另外，产生传递过电压后，若变压器中低压绕组间的电容与低压侧每相对地电容及对地等值电感满足式（1-1），形成串联共振的条件，发生谐振。事件中是 B、C 两相电压均升高到线电压以上，A 相电压降低，但不为零，据此判断它为基波谐振。

$$\omega C_{12}=\frac{1}{\omega L}-3\omega C_0 \quad (1-1)$$

式中　L——低压侧等值电感；

C_{12}——高低压间的耦合电容；

C_0——低压侧每相对地电容。

电压互感器铁芯饱和会引起电流、电压波形畸变，就会产生谐波，所以也可能产生谐波谐振过电压。一般地，基波谐振过电压很少超过 3 倍的相电压，所以除非存在弱绝缘设备，一般是不危险的，但常发生电压互感器喷油冒烟，高压保险熔断等异常现象和引起接地指示的误动作。

1.4.3 结论及建议

1.4.3.1 结论

消谐器的击穿有可能是传递过电压、电磁式电压互感器铁芯饱和引起的铁磁谐振过电压、谐波谐振过电压等多种过程中的一种或几种的综合。

1.4.3.2 建议

一旦有铁磁谐振过电压，可以采取以下几项限制和消除措施：

（1）选用励磁特性较好的电压互感器或改用电容式电压互感器。

（2）在电磁式电压互感器的开口三角形绕组或直接在电压互感器一次侧加装阻尼电阻，消除谐振现象（某变压器加装的消谐器即是在一次侧）；在电压互感器开口三角形绕组开口端加装可控硅多功能消谐装置；在电压互感器一次侧的中性点与地之间串接 L 型消谐器。

（3）在母线上加装对地电容，使达到 $XC_0/X_J \leqslant 0.01$，使谐振不能发生。

（4）临时的倒闸措施，将变压器中性点临时接地、投入事先规定的某些线路或设备（如电容器）；投入消弧线圈，在中性点经消弧线圈接地的情况下，消弧线圈的电感 L_p 远小于电压互感器的励磁电感 L，使得零序回路中 L 被短接，这样 L 的变化不会引起过电压。

1.5

某 110kV 变电站 Ⅱ 母电压互感器 B 相二次绕组绝缘电阻异常

1.5.1 故障简介

2018 年 5 月 14 日，在对某 110kV 变电站 110kVGIS 进行带电检测时，发现 110kV Ⅱ母电压互感器气室 SF_6 气体成分及微水检测存在异常，随后分别使用红外热像仪、特高频局放、超声波局放对其检测，均未见异常。检测完毕后向运维检修部进行上报。5 月 15 日，进行停电试验检查，经试验发现 110kV Ⅱ母电压互感器 B 相二次绕组 1a1n 对地绝缘小于 1MΩ。

1.5.2 故障原因分析

1.5.2.1 带电检测情况

（1）SF_6 气体成分及微水检测。带电检测人员在对某 110kV 变电站 110kVGIS 进行带电检测时，发现 110kV Ⅱ母电压互感器气室 SF_6 气体中 CO、H_2S 气体成分和气体纯度数据存在异常，其中 CO 为 102.6μL/L，SO_2 为 0μL/L，H_2S 为 5.8μL/L，纯度为 95.50%，依据 Q/GDW1168—2013《输变电设备状态检修试验规程》规定：①纯度≥ 97%；② SO_2 ≤ 1μL/L(注意值)；H_2S ≤ 1μL/L（注意值）。其检测报告如表 1-2 所示。

表 1-2　110kV Ⅱ母电压互感器气室 SF_6 气体成分及微水检测结果（μL/L）

环境温度 :23℃				湿度：41%	
气室名称	SO_2	H_2S	CO	湿度	纯度
110kV Ⅱ母电压互感器	0	5.8	102.6	45.93%	95.5%

（2）特高频及超声波局放检测。检测当日，对 110kV Ⅱ母电压互感器气室进行特高频及超声波局放检测，均未发现异常信号，信号值与背景相同。

1.5.2.2 分析判断

通过对 SF_6 气体成分及微水检测数据分析，并通过与 2017 年交接试验数据对比发现，110kV Ⅱ母电压互感器气室存在异常。通过特高频、超声波局部放电检测、红外检测，对 110kV Ⅱ母电压互感器气室进行检测，未见异常。

2018 年 5 月 15 日，在停电测试电压互感器二次绕组绝缘电阻时，发现 110kV Ⅱ母电压互感器 B 相二次绕组 1a1n 对地绝缘小于 1MΩ。通过与 SF_6 气体成分及微水检测数据综合分析，判断 110kV Ⅱ母电压互感器 B 相二次绕组可能绝缘强度不够或者存在损坏，与铁芯或者外壳存在悬浮放电，产生 CO 和 H_2S 气体，随放电时间的延长造成二次绕组 1a1n 与电压互感器铁芯或者外壳直接接触，所以绝缘电阻测试时，二次绕组 1a1n 对地绝缘小于 1MΩ。

1.5.2.3 处理情况

因现场不具备 GIS 电压互感器解体检查条件，故 2018 年 5 月 16 联系厂家落实备品备件情况，组织相关人员和物资，加急生产一台电压互感器，并随后组织进行更换。将问题电压互感器返厂进行解体检查。

1.5.2.4 解体检查情况

2018 年 6 月 4 日，生产厂家对该问题电压互感器进行解体检查。发现 B 相器身的二次绕组的 1a 端（材质为：1.6×6 聚酯漆包扁铜线，外套黄蜡管、热缩管）绝缘被破坏（黄蜡管、热缩管破损、1.6×6 聚酯漆包扁铜线的漆皮破损），破损部分与铁芯夹件连接，铁芯夹件为接地状态，造成 B 相器身的二次绕组的 1a 端直接接地，B 相器身的二次绕组 1a1n 对地绝缘失效，如图 1–36 所示。

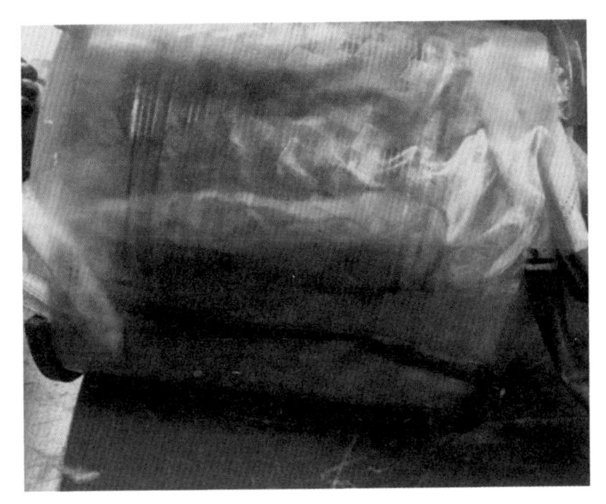

图 1-36　B 相器身的二次绕组 1a1n 对地绝缘失效图

1.5.3 结论及建议

1.5.3.1 结论

（1）该电压互感器出厂时就存在工艺不良缺陷，运行过程中 B 相器身的二次绕组的 1a 端绝缘被破坏，造成放电，使 SF_6 分解产生 CO 和 H_2S 气体，随着运行年限增加，破损部分与铁芯夹件直接接触，造成二次绕组的 1a 端绝缘小于 1MΩ。

（2）从带电检测数据上来看，SF_6 气体纯度不合格以及 H_2S 均超过注意值，这意味着该设备存在内部异常故障，结合停电检查电压互感器二次回路绝缘电阻时发现 B 相绝缘电阻偏低。通过带电检测数据分析和停电检查情况对比，也印证了带电检测数据的准确性，及时避免了一次事故的发生。

1.5.3.2 建议

（1）带电检测是发现 GIS 设备潜伏性运行隐患的有效手段，是电力设备安全、稳定运行的重要保障。同时节约了检修时间，为 GIS 设备检修提高可靠地检修策略。

（2）针对 GIS 设备，在加强带电检测的基础上，严格按照相关规程开展停电试验，尤其电压互感器二次绕组的绝缘测试。

1.6

某 110kV 变电站线路电压互感器异常

1.6.1 故障简介

修试人员在对某 110kV 变电站线路电压互感器进行例行试验时发现，用常规的试验方法无法取得试验数据，随即对接线及试验仪器进行了更换和检查，未能查出原因。

1.6.2 故障原因分析

1.6.2.1 试验情况

电压互感器常规试验接线图如图 1-37 所示。将电容式电压互感器二次接线盒内电容的末端及图中所示的 N 的接地打开，E 端接地，从二次绕组 a-n 或 da-dn 端加压 2~3kV，高压芯线和屏蔽（此方法适用于 AI-6000D 型介损桥）接于 N 端，低压信号线的芯线接于 A 端，形成加压和信号的抽取回路。

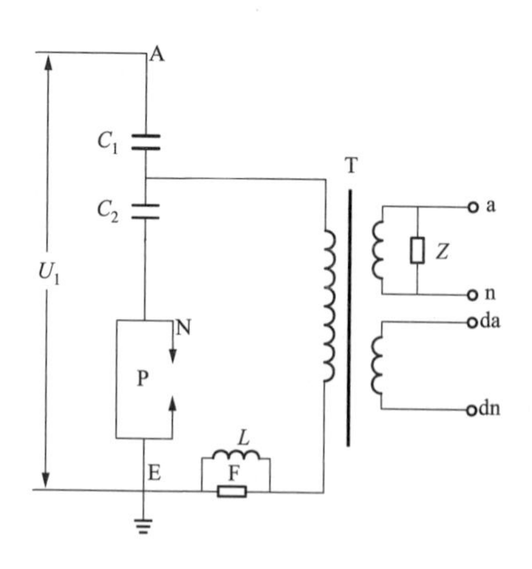

图 1-37　电压互感器常规试验接线图

但现场试验发现，采用常规方法，其他客观条件无异常时，无法取得试验结果，仪器显示异常。对现场接地状况进行检查及变更接地桩后未见恢复。此时不能过早得出被试设备异常结论。试验人员采用高压芯线和屏蔽及低压信号线对调的方式尝试进行，即将高压芯线和屏蔽加于A端，信号从N端取得，得到了一组试验数据，具体的数据对比如表1–3所示。

表1–3 出厂试验数据和变更接线后试验数据对比

试验数据	$\tan\delta_1$	$\tan\delta_2$	C_1(nF)	C_2(nF)	C(nF)	C_e(nF)	误差
出厂数据	0.199%	0.145%	12.89	49.52	10.22	10.31	–0.87%
变更接线后	0.203%	0.160%	14.39	55.63	11.43	10.31	10.86%

1.6.2.2 原因分析

试验人员变更了试验接线，得到一组试验数据，但是该组试验数据表征设备容量超标严重。通过变更试验接线得到的数据证明信号回路存在异常。于是，试验人员继续查找可能存在的隐患和造成这种不合理试验现象的原因。

随后，试验人员对其他部件进行了检查，在二次接线桩的检查中发现了问题的关键，具体的原因参见二次接线桩图，如图1–38所示。

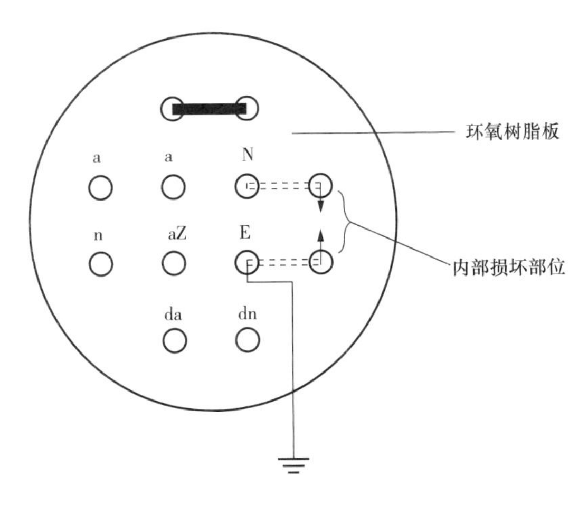

图1–38 电压互感器二次接线桩图

通过绝缘电阻试验发现，虽然二次接线桩分别固定在环氧树脂板上，这里环氧树脂板是很好的绝缘材料，可是该面板存在瑕疵和人为的损坏，表面上没有太大的异常，其实内部却出现了裂痕。具体的位置就是如图 1–38 所示的位置，该位置在运行时，是 N 和 E 的并联端子，外部接有并联球形间隙，在设备正常运行时，当外部没有载波通信装置接入的情况下，其 N 端子即为高压电容 C1、分压电容 C2 的末端，E 为整个一次设备的末端，也是中间变压器的末端，这两个端子是用连接片连接后接地的，这样，并联的球间隙就失去了作用，和大地也是等电位的。

但是在常规的电压互感器试验中，C1 和 C2 的电容量及介质损失角 $\tan\delta$ 的测量采用的二次绕组加压的自激法，这时在高压芯线上能够感受一定的高压，而常规的试验接线方法是将运行中 N 和 E 的连片打开，保持 E 端的继续接地，在悬空的 N 端将高压芯线接入（根据介损测试仪的不同，有可能是接芯线或者是芯线和屏蔽同时加在 N 端，但这样不影响电压的关系），然后加压 2~3kV 进行测量。但是可以看到如图 1–38 中所示的“内部损坏部位”处，通过绝缘电阻表进行两个端子间的绝缘电阻测量时，绝缘电阻为零，而用万用表进行通断的测量发现依然有一定的阻值，说明其内部结构损坏，两个端子之间已经不能承受 2kV 以上的电压了，这样就造成一个事实，即在实际的测量时，虽然外部已经是 N 端子悬空了，但在加压过程中 2kV 的电压下，N 端子通过并联的球间隙从内部与 E 端子导通，也就是接地了。这样就使得电压信号流失，测量回路不能完成，数据无法计算出来。

之后试验人员通过变换高压线和信号线再次进行测量，测量结果如表 1–4 中所示，偏差较大，而如果没有存在这一缺陷的话，那么变换高压线和信号线后，试验数据基本没有什么偏差，为此试验人员选用 AI–6000 系列介损测试仪进行验证，验证发现，如果设备是在正常状况下，试验结果是基本没有偏差的，试验数据表 1–4 所示。

表 1–4　高压线和信号线互换后的试验数据对比

试验数据	$\tan\delta_1$	$\tan\delta_2$	C_1(nF)	C_2(nF)	C（nF）	C_e(nF)	误差
高压接 N，信号接一次	0.153%	0.122%	12.92	49.99	10.266	10.31	−0.426%
高压接一次，信号接 N	0.110%	0.137%	12.96	50.11	10.296	10.31	−0.135%

1.6.3 结论及建议

1.6.3.1 结论

（1）通过变换试验接线，可以发现，由表 1–3 数据的差异不能盲目地判断设备的电容量存在问题，在实际的现场工作中，有时环境情况恶劣、设备运行年限较长、设备涂刷 RTV 憎水性材料时误将一次接线法兰盘涂刷等情况都会造成一次部位接线后信号回路不通的现象，这时试验人员有时会采用变换接线的方式来克服这种不足，通过简单的换线，测量出来的试验数据和历史数据或者是出厂数据没有明显的偏差。但是此处所面对的问题却不能按照变换接线来克服表面接触的问题来处理，如果是这样就错过了缺陷发现的机会，并且对误判的试验数据进行上报的话，会造成设备提早的更换和缺陷结论的盲目性。所以在常规试验中，如果发现介质损失角及电容量测试异常，应再次进行绝缘电阻的测试，这里要求的试验方法就是将首端 A 和 N 用外绝缘线短接并悬空，测量一次绕组和电容单元的对地绝缘是否良好，如果出现绝缘电阻为零或者小于 5000MΩ 时，应该考虑存在 E 端对地绝缘电阻不够的问题存在，防止绝缘问题的进一步劣化影响设备内部的绝缘或产生不同程度的放电，应该仔细吊芯检查。

（2）通过变更试验接线的方式得到的表 1–4 所示的数据，两组数据虽然在电容量的比较上没有什么差别，但是从测量方法上还是有差别的，高压线接 A 端的数据还是有些失真的，在试验条件允许的状况下，还是最好不要采用。

1.6.3.2 建议

在对设备进行试验时，若试验数据有误，应通过多种方法的比较来确定数据的真实性，从而准确界定设备故障与否，不能盲目下结论。互感器的二次接线板多采用环氧树脂浇注板，在试验时应对其外观进行检查，确定外观良好后，再进行试验工作。

1.7

某 35kV 变电站 10kV Ⅰ母电压互感器故障

1.7.1 故障简介

1.7.1.1 故障描述

2013 年 3 月 2 日 22 时 30 分，某 35kV 变电站 10kV Ⅰ段母线接地。抢修人员到现场待运行人员申请调度将 10kV Ⅰ母电压互感器处检修后，对其进行检查，发现电压互感器 A 相烧坏，如图 1-39 和图 1-40 所示。

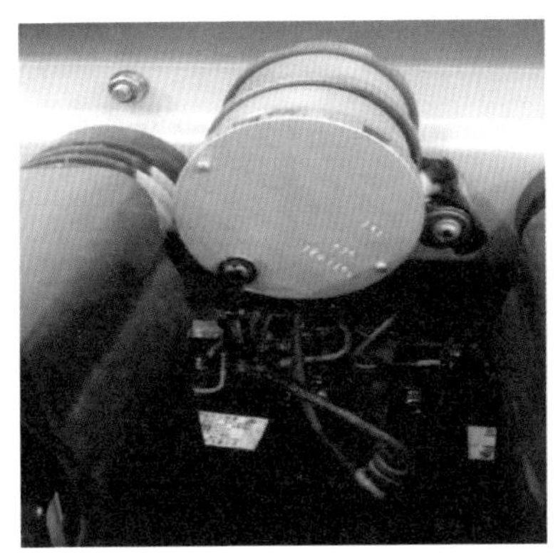

图 1-39　A 相外绝缘开裂位置

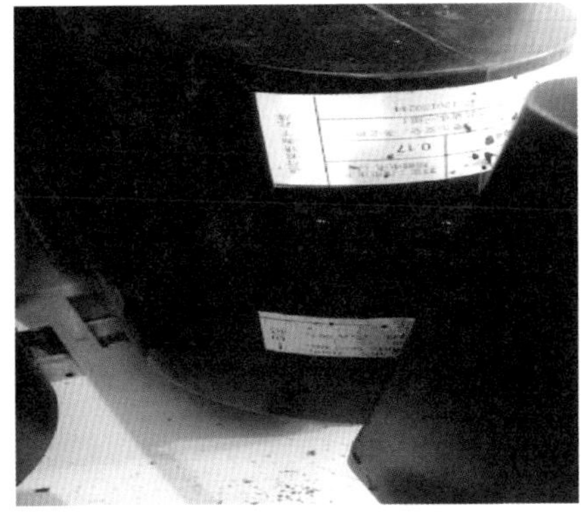

图 1-40　消谐器接线烧焦

1.7.1.2 故障设备信息

电压互感器型号为 JDZX9-10Q，出厂时间为 2012 年 8 月，投运时间为 2013 年 1 月。

1.7 .2 故障原因分析

1.7.2.1 现场检查试验情况

到现场对 10kV Ⅰ母电压互感器和 10kV Ⅰ段母线进行检查试验。电压互感器 A 相一次直流电阻为 0.1076kΩ，BC 相为 2kΩ，10kV Ⅰ母电压互感器 A 相一次绕组短路，造成 10kV Ⅰ段母线接地故障。10kV Ⅰ段母线试验合格。

1.7.2.2 原因分析

电压互感器一次绕组烧坏，可能原因有以下两点：

（1）电压互感器的励磁电感和系统对地电容形成谐振回路，引发铁磁谐振，使得励磁电流增大，造成电压互感器过热烧毁。

（2）电压互感器铁芯叠片及绕制工艺不佳，造成电压互感器发热，导致绝缘加速老化，出现击穿，使得电压互感器烧毁。

1.7.2.3 处理情况

（1）隔离 10kV Ⅰ母电压互感器，待更换，恢复 10kVⅠ段母线负荷供出。

（2）此电压互感器安全运行 50 天，事后联系了电压互感器厂家，厂家到现场进行了查看，需返厂进行解体检查，由于电压互感器运行时间较短，厂家提供同型号的电压互感器进行更换。

1.7.3 结论及建议

1.7.3.1 结论

此次互感器故障的主要原因为互感器铁芯叠片及绕制工艺不佳，造成电压互感器发热，导致绝缘加速老化，出现击穿造成。

1.7.3.2 建议

（1）加强验收质量关，确保设备健康运行。

（2）采用开关柜暂态地电压和超声波测试并结合红外测温的手段，及早发现开关柜的潜在隐患。

1.8

某35kV变电站10kV Ⅰ母电压互感器B相故障

1.8.1 故障简介

1.8.1.1 故障描述

2019年2月22日9时25分10秒，某35kV变电站10kV Ⅰ母接地故障告警，9时27分38秒，信号复归，随后10kV Ⅰ母接地故障告警频繁动作、复归。运维人员到站发现10kV Ⅰ母电压互感器B相出现裂纹，并伴有白烟、焦糊味。11时44分，将10kV Ⅰ母电压互感器隔离开关拉开，Ⅰ母电压互感器退出运行，10kV Ⅰ母接地故障告警复归后未再次动作。初步判断10kV Ⅰ母接地故障点位于10kV Ⅰ母电压互感器B相。具体过程如下：

9时25分10秒，变电站报10kV Ⅰ母接地信号，频繁动作、复归。

10时02分，运维人员到现场巡视检查，站内一次设备无异常声响、放电、闪络痕迹。

11时06分02秒，531、532、533、534、551间隔均报母线电压互感器异常动作，1号主变压器低后备保护装置电压互感器异常告警动作。10kV Ⅰ母电压互感器B相本体冒烟，出现弧光。

1.8.1.2 故障设备信息

10kV Ⅰ母电压互感器为单相电压互感器，型号为JZFW-12W3，绝缘等级E级，采用硅橡胶干式绝缘外壳，内部浇注陶瓷绝缘，出厂时间为2016年5月。

1.8.1.3 故障前运行情况

故障前，该35kV变电站由1号主变压器带10kV Ⅰ母正常运行。35kV黄羊线 311 运行，闽黄线 314 热备，35kV 进线备自投投入，1 号、2 号主变压器低压侧分列运行，10kV 母联 500 热备，10kV 分段备自投投入。10kV Ⅰ母上渠北线 531、七队线 533、玉海线 534 运行，1 号电容器 551 热备，备用线 532 冷备。

1.8.2 故障原因分析

1.8.2.1 现场检查及试验分析

（1）一次设备检查情况。2019 年 2 月 22 日 9 时 25 分 10 秒 309 毫秒，该 35kV 变电站报“10kV Ⅰ母接地”，2min 后接地复归，至 2 月 22 日 11 时 40 分 53 秒 623 毫秒，上报“10kV Ⅰ母接地”动作及复归信号共计 194 次。在此期间，10kV Ⅰ母 B 相电压由 5.84kV 跌至 0kV，1 号主变压器负荷由 0.55kW 降至 0kW，损失负荷 0.38kW，信号上报情况如图 1–41 所示。

编号	内容
1	2019年02月22日09时25分10秒 银川.黄羊滩变 10kVI母接地 动作
2	2019年02月22日09时25分10秒309 银川.黄羊滩变 10kVI母接地 动作(SOE) (接收时间 2019年02月22日09时25分11秒)
3	2019年02月22日09时25分12秒 银川.黄羊滩变 10kVI母接地 动作(备通道补)
4	2019年02月22日09时25分10秒309 银川.黄羊滩变 10kVI母接地 动作(SOE) (接收时间 2019年02月22日09时25分24秒)
5	2019年02月22日09时27分38秒843 银川.黄羊滩变 10kVI母接地 复归(SOE) (接收时间 2019年02月22日09时27分39秒)
6	2019年02月22日09时27分39秒 银川.黄羊滩变 10kVI母接地 复归
7	2019年02月22日09时27分41秒 银川.黄羊滩变 10kVI母接地 复归(备通道补)
8	2019年02月22日09时27分45秒 银川.黄羊滩变 10kVI母接地 动作
9	2019年02月22日09时27分45秒133 银川.黄羊滩变 10kVI母接地 动作(SOE) (接收时间 2019年02月22日09时27分46秒)
10	2019年02月22日09时27分47秒 银川.黄羊滩变 10kVI母接地 动作(备通道补)
11	2019年02月22日09时27分38秒843 银川.黄羊滩变 10kVI母接地 复归(SOE) (接收时间 2019年02月22日09时27分52秒)
12	2019年02月22日09时27分45秒133 银川.黄羊滩变 10kVI母接地 动作(SOE) (接收时间 2019年02月22日09时27分58秒)
13	2019年02月22日09时29分55秒 银川.黄羊滩变 10kVI母接地 复归
14	2019年02月22日09时29分55秒053 银川.黄羊滩变 10kVI母接地 复归(SOE) (接收时间 2019年02月22日09时29分56秒)
15	2019年02月22日09时29分56秒 银川.黄羊滩变 10kVI母接地 动作
16	2019年02月22日09时29分56秒045 银川.黄羊滩变 10kVI母接地 动作(SOE) (接收时间 2019年02月22日09时29分56秒)
17	2019年02月22日09时29分57秒 银川.黄羊滩变 10kVI母接地 动作(备通道补)
18	2019年02月22日09时29分57秒 银川.黄羊滩变 10kVI母接地 复归(备通道补)
19	2019年02月22日09时29分55秒053 银川.黄羊滩变 10kVI母接地 复归(SOE) (接收时间 2019年02月22日09时30分08秒)
20	2019年02月22日09时29分56秒045 银川.黄羊滩变 10kVI母接地 动作(SOE) (接收时间 2019年02月22日09时30分08秒)
21	2019年02月22日09时30分24秒215 银川.黄羊滩变 10kVI母接地 复归(SOE) (接收时间 2019年02月22日09时30分25秒)
22	2019年02月22日09时30分25秒 银川.黄羊滩变 10kVI母接地 复归
23	2019年02月22日09时30分30秒646 银川.黄羊滩变 10kVI母接地 动作(SOE) (接收时间 2019年02月22日09时30分31秒)
24	2019年02月22日09时30分31秒 银川.黄羊滩变 10kVI母接地 动作
25	2019年02月22日09时30分31秒 银川.黄羊滩变 10kVI母接地 复归
26	2019年02月22日09时30分31秒013 银川.黄羊滩变 10kVI母接地 复归(SOE) (接收时间 2019年02月22日09时30分32秒)
27	2019年02月22日09时30分32秒 银川.黄羊滩变 10kVI母接地 复归(备通道补)
28	2019年02月22日09时30分32秒755 银川.黄羊滩变 10kVI母接地 动作(SOE) (接收时间 2019年02月22日09时30分33秒)
29	2019年02月22日09时30分33秒 银川.黄羊滩变 10kVI母接地 动作
30	2019年02月22日09时30分34秒 银川.黄羊滩变 10kVI母接地 动作(备通道补)
31	2019年02月22日09时30分24秒215 银川.黄羊滩变 10kVI母接地 复归(SOE) (接收时间 2019年02月22日09时30分38秒)
32	2019年02月22日09时30分42秒522 银川.黄羊滩变 10kVI母接地 复归(SOE) (接收时间 2019年02月22日09时30分43秒)
33	2019年02月22日09时30分43秒 银川.黄羊滩变 10kVI母接地 复归

图 1–41　电压互感器隔离开关在合位时，后台上报信号情况（一）

34	2019年02月22日09时30分30秒646 银川.黄羊滩变 10kVI母接地 动作(SOE) (接收时间 2019年02月22日09时30分44秒)
35	2019年02月22日09时30分31秒013 银川.黄羊滩变 10kVI母接地 复归(SOE) (接收时间 2019年02月22日09时30分44秒)
36	2019年02月22日09时30分44秒 银川.黄羊滩变 10kVI母接地 复归(备通道补)
37	2019年02月22日09时30分32秒755 银川.黄羊滩变 10kVI母接地 动作(SOE) (接收时间 2019年02月22日09时30分46秒)
38	2019年02月22日09时30分45秒256 银川.黄羊滩变 10kVI母接地 动作(SOE) (接收时间 2019年02月22日09时30分46秒)
39	2019年02月22日09时30分46秒 银川.黄羊滩变 10kVI母接地 动作
40	2019年02月22日09时30分53秒 银川.黄羊滩变 10kVI母接地 复归
41	2019年02月22日09时30分53秒306 银川.黄羊滩变 10kVI母接地 复归(SOE) (接收时间 2019年02月22日09时30分53秒)
42	2019年02月22日09时30分54秒 银川.黄羊滩变 10kVI母接地 动作
43	2019年02月22日09时30分54秒 银川.黄羊滩变 10kVI母接地 复归(备通道补)
44	2019年02月22日09时30分54秒340 银川.黄羊滩变 10kVI母接地 动作(SOE) (接收时间 2019年02月22日09时30分54秒)
45	2019年02月22日09时30分42秒522 银川.黄羊滩变 10kVI母接地 复归(SOE) (接收时间 2019年02月22日09时30分55秒)
46	2019年02月22日09时30分55秒 银川.黄羊滩变 10kVI母接地 动作(备通道补)
47	2019年02月22日09时30分45秒256 银川.黄羊滩变 10kVI母接地 动作(SOE) (接收时间 2019年02月22日09时30分59秒)
48	2019年02月22日09时30分53秒306 银川.黄羊滩变 10kVI母接地 复归(SOE) (接收时间 2019年02月22日09时31分07秒)
49	2019年02月22日09时30分54秒340 银川.黄羊滩变 10kVI母接地 动作(SOE) (接收时间 2019年02月22日09时31分07秒)
50	2019年02月22日09时32分01秒463 银川.黄羊滩变 10kVI母接地 复归(SOE) (接收时间 2019年02月22日09时32分02秒)
51	2019年02月22日09时32分02秒 银川.黄羊滩变 10kVI母接地 复归
52	2019年02月22日09时32分03秒 银川.黄羊滩变 10kVI母接地 复归(备通道补)
53	2019年02月22日09时32分05秒435 银川.黄羊滩变 10kVI母接地 动作(SOE) (接收时间 2019年02月22日09时32分06秒)

图 1-41　电压互感器隔离开关在合位时，后台上报信号情况（二）

随后，工作人员到站检查，发现 10kV Ⅰ母电压互感器 B 相出现裂纹，并伴有白烟、焦糊味，确定信号上送正确。现场 B 相电压互感器情况如图 1-42 所示。

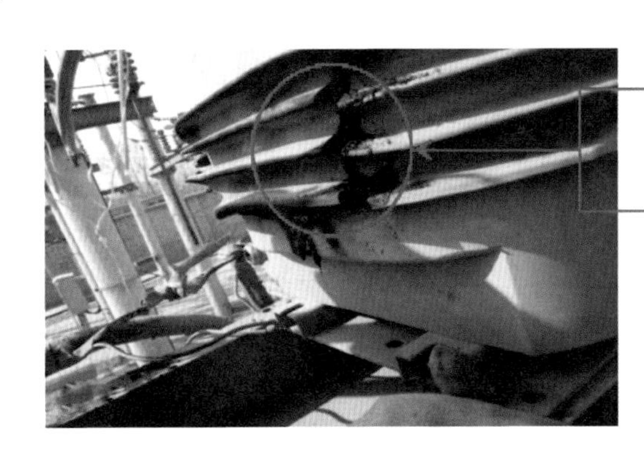

图 1-42　电压互感器外观图

经查，此现象为 10kV Ⅰ母 B 相电压互感器内部故障发生自燃事故导致，需停电检修，11 时 44 分 38 秒 826 毫秒，10kV Ⅰ母电压互感器 51-9 刀闸分闸，进行事故抢修。11 时 44 分，10kVI 母电压互感器刀闸拉开后，接地信号复归且未再次出现，确定 10kV Ⅰ母电压互感器为唯一接地故障点，信号上送情况如图 1-43 所示。

编号	内容
1	2019年02月22日11时44分38秒826 银川.黄羊滩变 银川.黄羊滩变/10kV.519PT刀闸 分闸(SOE) (接收时间 2019年02月22日11时44分39秒)
2	2019年02月22日11时44分39秒 银川.黄羊滩变 银川.黄羊滩变/10kV.519PT刀闸 分闸
3	2019年02月22日11时44分38秒846 银川.黄羊滩变 10kV_I母PT投入 复归(SOE) (接收时间 2019年02月22日11时44分40秒)
4	2019年02月22日11时44分40秒 银川.黄羊滩变 10kV_I母PT投入 复归
5	2019年02月22日11时44分41秒 银川.黄羊滩变 10kV_I母PT投入 复归(备通道补)
6	2019年02月22日11时44分41秒 银川.黄羊滩变 银川.黄羊滩变/10kV.519PT刀闸 分闸(备通道补)
7	2019年02月22日11时44分38秒826 银川.黄羊滩变 银川.黄羊滩变/10kV.519PT刀闸 分闸(SOE) (接收时间 2019年02月22日11时44分55秒)
8	2019年02月22日11时44分38秒846 银川.黄羊滩变 10kV_I母PT投入 复归(SOE) (接收时间 2019年02月22日11时44分55秒)
9	2019年02月22日12时17分36秒997 银川.黄羊滩变 10kV_I母II母PT并列 动作(SOE) (接收时间 2019年02月22日12时17分37秒)
10	2019年02月22日12时17分37秒 银川.黄羊滩变 10kV_I母II母PT并列 动作
11	2019年02月22日12时17分39秒 银川.黄羊滩变 10kV_I母II母PT并列 动作(备通道补)
12	2019年02月22日12时17分36秒997 银川.黄羊滩变 10kV_I母II母PT并列 动作(SOE) (接收时间 2019年02月22日12时17分52秒)
13	2019年02月22日17时25分42秒746 银川.黄羊滩变 银川.黄羊滩变/10kV.519PT刀闸 合闸(SOE) (接收时间 2019年02月22日17时25分43秒)
14	2019年02月22日17时25分42秒758 银川.黄羊滩变 10kV_I母PT投入 动作(SOE) (接收时间 2019年02月22日17时25分43秒)
15	2019年02月22日17时25分43秒 银川.黄羊滩变 10kV_I母PT投入 动作
16	2019年02月22日17时25分43秒 银川.黄羊滩变 银川.黄羊滩变/10kV.519PT刀闸 合闸
17	2019年02月22日17时25分58秒262 银川.黄羊滩变 银川.黄羊滩变/10kV.519PT刀闸 分闸(SOE) (接收时间 2019年02月22日17时25分59秒)
18	2019年02月22日17时25分58秒285 银川.黄羊滩变 10kV_I母PT投入 复归(SOE) (接收时间 2019年02月22日17时25分59秒)
19	2019年02月22日17时25分59秒 银川.黄羊滩变 10kV_I母PT投入 复归
20	2019年02月22日17时25分59秒 银川.黄羊滩变 银川.黄羊滩变/10kV.519PT刀闸 分闸
21	2019年02月22日17时26分02秒261 银川.黄羊滩变 银川.黄羊滩变/10kV.519PT刀闸 合闸(SOE) (接收时间 2019年02月22日17时26分03秒)
22	2019年02月22日17时26分02秒268 银川.黄羊滩变 10kV_I母PT投入 动作(SOE) (接收时间 2019年02月22日17时26分03秒)
23	2019年02月22日17时26分03秒 银川.黄羊滩变 10kV_I母PT投入 动作
24	2019年02月22日17时26分03秒 银川.黄羊滩变 银川.黄羊滩变/10kV.519PT刀闸 合闸
25	2019年02月22日17时31分07秒726 银川.黄羊滩变 10kV_I母II母PT并列 复归(SOE) (接收时间 2019年02月22日17时31分08秒)
26	2019年02月22日17时31分08秒 银川.黄羊滩变 10kV_I母II母PT并列 复归

图 1-43 电压互感器隔离开关分开后，后台上报信号情况

（2）现场处理情况。2 月 22 日 12 时，检修人员对 10kV Ⅰ母 B 相电压互感器进行更换，并对更换后的 B 相电压互感器进行电气试验，试验内容及结果为:

1）对 10kV Ⅰ母电压互感器 B 相一次绕组进行交流耐压试验。对 10kV Ⅰ母电压互感器 B 相一次绕组进行 34kV/1min 交流耐压试验，耐压过程无异响，试验合格。

2）对 10kV Ⅰ母电压互感器 B 相一次绕组进行绝缘电阻测试试验。对 10kV Ⅰ母电压互感器 B 相一次绕组进行 2500V 绝缘电阻测试，绝缘电阻大于 10GΩ，试验合格。

3）对 10kV Ⅰ母电压互感器 B 相二次绕组进行绝缘电阻测试试验。对 10kV Ⅰ母电压互感器 B 相二次绕组进行 2500V 绝缘电阻测试，绝缘电阻大于 10GΩ，试验合格。

4）对 10kV Ⅰ母电压互感器 B 相一次绕组进行直流电阻测试试验。一次侧直流电阻测试值为 1.8kΩ，与初值误差小于 10%，试验合格。

5）对 10kV Ⅰ母电压互感器 B 相二次绕组进行直流电阻测试试验。二次侧直流电阻测试值为 161mΩ，与初值误差小于 10%，试验合格。

结论：新更换 10kV Ⅰ母电压互感器 B 相试验合格，可以投入使用。

1.8.2.2 解体分析

（1）解体前观察。在对故障设备解体前，检修人员对其裂纹处进行观察，发现裂纹处有绕组铜丝断股、外露，如图 1-44 所示。

图 1-44　电压互感器外壳

初步怀疑本次事故原因为该电压互感器运行过程中，因温度变化致使内部结构膨胀，一次绕组出现断线，互感器内部存在电弧并逐渐发展，致使互感器外壳炸裂，出现裂纹。

（2）解体检查。随后，检修人员沿电压互感器裂缝对其进行解体，发现大量放电痕迹、炸裂碎渣，同时，一次绕组包裹结构烧毁严重，如图 1-45 所示。

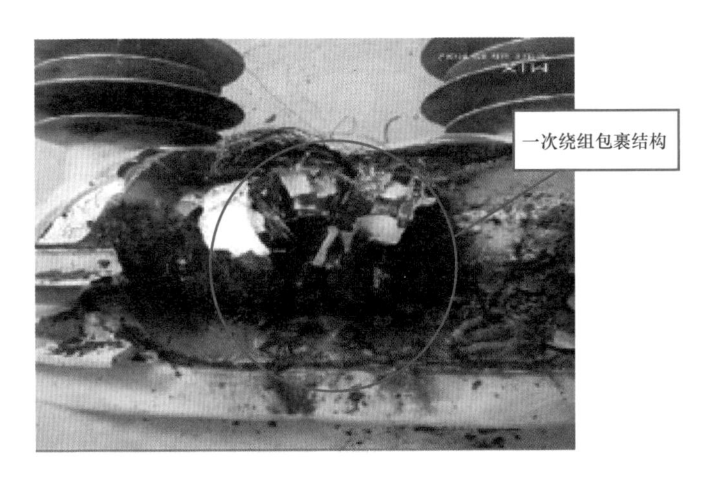

图 1-45　电压互感器一次绕组包裹结构

外壳绝缘部分存在明显放电痕迹，如图 1–46 所示。

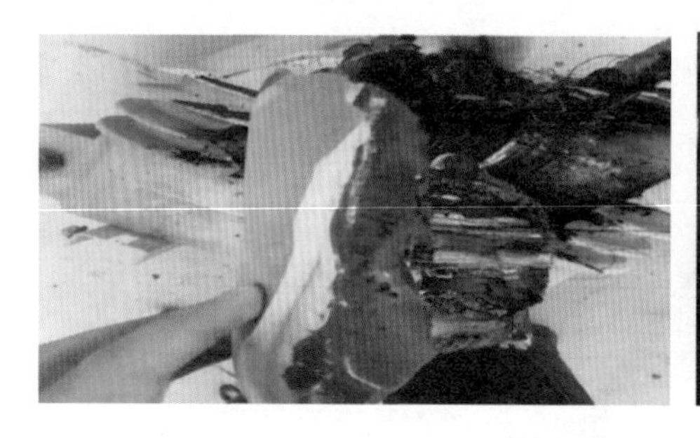

图 1-46　电压互感器外壳绝缘部分

同时，一次绕组断线情况严重，外层绕组多处断股，如图 1–47 所示。

图 1-47　电压互感器一次绕组断线

碎屑清理完毕后，检查寻找起始放电点，发现互感器存在长时间电弧作用痕迹，如图 1–48 所示。

图 1-48　电压互感器电弧作用痕迹

从解体情况分析，可以确定该电压互感器运行过程中，内部长时间存在电弧，放电现象明显，有明显长时间电弧灼烧点。长时间电弧作用致使一次绕组多处断线，设备内部过热炸裂，绝缘明显受损，与初步结论及电气试验数据相符合（一次绕组对地绝缘电阻为 0 且直流电阻测量不通）。

1.8.2.3 综合分析

经检修人员现场处理、设备外观检察、诊断性电气试验、设备解体检查后，确定本次故障原因为：设备长时间运行，同时故障当日昼夜温差较大，致使电压互感器内部一次绕组出现断线情况，造成电弧发生，致使“10kV Ⅰ母接地”动作及复归信号频发。长时间电弧作用致使一次绕组多处断线，设备内部过热炸裂。

1.8.3 结论及建议

1.8.3.1 结论

变电站户外环氧浇注干式电压互感器在设计生产过程中，没有考虑昼夜温差大的情况，造成电压互感器内部一次绕组在环氧树脂热胀冷缩作用下出现断线情况，形成电弧，造成设备内部过热炸裂。

1.8.3.2 建议

（1）加强户外环氧浇注干式电压互感器的巡视，对有裂纹、沿面放电、局部变色、变形的电压互感器及时进行更换；

（2）依据《国家电网有限公司十八项电网重大反事故措施（2018 年修订版）》第 11.4.2.1 条规定：10（6）kV 及以上干式互感器出厂时应逐台进行局部放电试验，交接时应抽样进行局部放电试验。

1.9

某 110kV 变电站电压互感器开关柜爆炸

1.9.1 故障简介

1.9.1.1 故障描述

2014 年 11 月 25 日，某 110kV 变电站 10kV Ⅱ母电压互感器发生故障，1 号主变压器低后备保护 0ms 启动，2 号主变压器低后备保护 0ms 启动。611ms，1 号主变压器低后备保护低压 1 侧过流Ⅰ段 1 时限出口，跳开 10kV 分段 5100 开关，并发出闭锁备自投命令；612ms，2 号主变压器低后备保护 PCS9681D-D 过流Ⅴ段出口，跳开 10kV 分段 5100 开关，912ms，过流Ⅵ段出口，跳开 2 号主变压器低压侧 502 开关，并发出闭锁备自投命令。具体情况为：

（1）11 月 24 日 15:30，接地调电话通知该变电站 10kV Ⅰ、Ⅱ母接地，运行人员至现场检查设备后分别测量 10kV Ⅰ、Ⅱ母电压互感器二次电压均正常后，复归接地选线装置后，信号恢复正常，接地现象恢复正常。

20:06~20:24，该变电站 10kV Ⅱ母电压互感器由运行转检修，变电运行人员更换 10kV Ⅱ母电压互感器保险。

20:30~20:41，该变电站 10kV Ⅱ母电压互感器由检修转运行。

21:30，接地调电话通知该变电站 10kV Ⅰ、Ⅱ母接地，运行人员再次赶至现场后，检查设备分别测量 10kV Ⅰ、Ⅱ母电压互感器二次电压均为 A 相 63V、B 相 63V、C 相 55V，汇报调度后进行选线，513 为首选线路，接地瞬间消失，汇报调度后待令。

（2）11 月 25 日 0:19，该变电站 2 号主变压器低后备保护动作，500、502 断路器跳闸，553、554 电容器低电压保护动作，553、554 开关跳闸。

0:42，到达变电站，听到火灾报警器动作，检查、记录 2 号主变压器保护动作情况后，前去 10kV 高压室检查设备，闻到严重火烧胶皮味，看到从

10kV 高压室有浓烟冒出，立即打开通风装置，人员无法进入，通风 40min 后，进入 10kV 高压室检查，发现 10kV Ⅱ母电压互感器柜爆炸，设备已损坏，并申请调度将 10kV Ⅱ母上所有设备转为冷备。

1.9.1.2 故障设备信息

该 10kV Ⅱ母电压互感器为单相电压互感器，型号为 JDZX9-10G，出厂时间为 2014 年 4 月。

1.9.1.3 故障前运行情况

故障前，10kV 运行方式：10kV Ⅰ、Ⅱ并列运行，母联 5100 运行，10kV Ⅰ母带 511 开元三回线、512 宏图一回线、513 宏图二回线、514 开元一回线、10kV Ⅰ母电压互感器、551 电容器、552 电容器、515 开元二回线、516 开元四回线、561 1 号站用变电站、5100 母联（5100-2、5200-2 均在合）、10kV Ⅱ母带 562 2 号站用变电站、521 备用间隔、522 备用间隔、523 备用间隔、553 电容器、554 电容器、524 消弧线圈、525 备用间隔、526 备用间隔、10kV Ⅱ母电压互感器。变电站站内运行情况如图 1-49 所示。

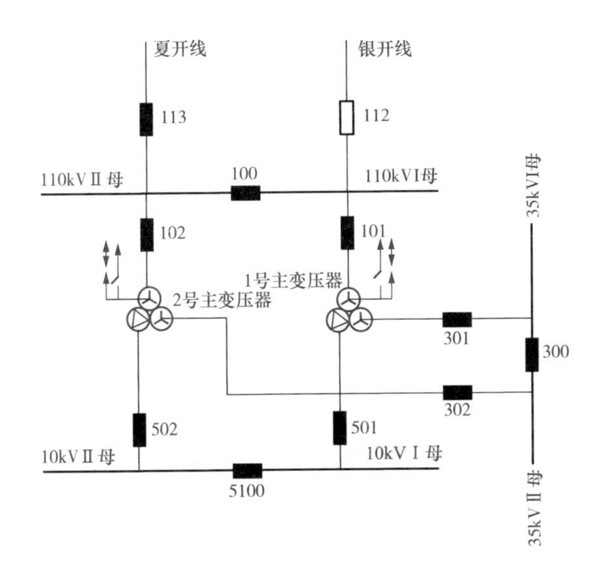

图 1-49　某 110kV 变电站站内运行情况

1.9.2 故障原因分析

1.9.2.1 现场检查及试验分析

（1）一次设备检查情况。运行检修人员对一次设备进行检查后，发现10kV Ⅱ母电压互感器开关柜避雷器计数器和前柜门情况如图 1–50 和图 1–51 所示。

图 1–50　避雷器计数器

图 1–51　前柜门

现场检查发现电压互感器前柜门因故障放电能量较大已被冲开，小车面板安装的避雷器计数器、前防爆膜全部炸裂，10kV Ⅱ母电压互感器柜内情况如图 1–52 所示。

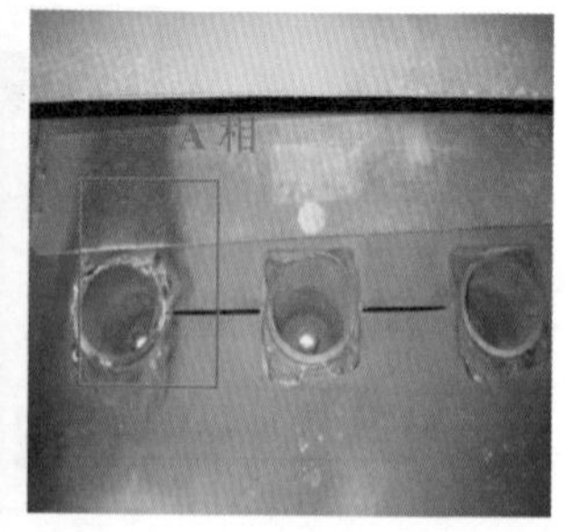

图 1–52　10kV Ⅱ母电压互感器柜内情况

10kV Ⅱ母电压互感器柜内 A 相正面有明显放电痕迹，侧面挡板也有灼烧鼓包，10kV 静触头盒已烧毁，静触头烧损，10kV Ⅱ母电压互感器柜内放电情况如图 1–53 所示。

图 1–53　10kV Ⅱ母电压互感器柜内放电痕迹

小车开关拉出后发现 A 相电压互感器已烧毁，B、C 相外壳也有部分裂纹，10kV 消谐器烧毁，10kV 二次端子盒已全部融化。

（2）一次设备试验情况。本次事故为近区短路故障，2 号主变压器可能会受到冲击，随即对 2 号主变压器及相关设备进行了一次试验。

1）2 号主变压器绝缘油中溶解气体色谱分析报告如表 1--5 所示。

表 1–5　2 号主变压器绝缘油中溶解气体色谱分析报告

委托单位	供电局	判断标准	宁电 2010 版
站　名	变电站	取样日期	2014 年 11 月 25 日
设备名称	2 号主变压器	分析日期	2014 年 11 月 25 日
取样原因	诊断性试验		
注意值：	总烃 ≤ 150 μL/L，C_2H_2 ≤ 5 μL/L，H_2 ≤ 150 μL/L		

测定结果（μL/L）	
组　分	浓　度
H_2	5.12
CO	25.00
CO_2	141.03
CH_4	3.61
C_2H_6	0.00
C_2H_4	0.00

续表

测定结果 (μL/L)	
C_2H_2	0.00
O_2	—
N_2	—
总　烃	3.61
水分 (mg/L)	8.7
含气量 (%)	—
分析意见：正常	

2）2 号主变压器绕组变形测试结果如图 1–54~ 图 1–56 所示。

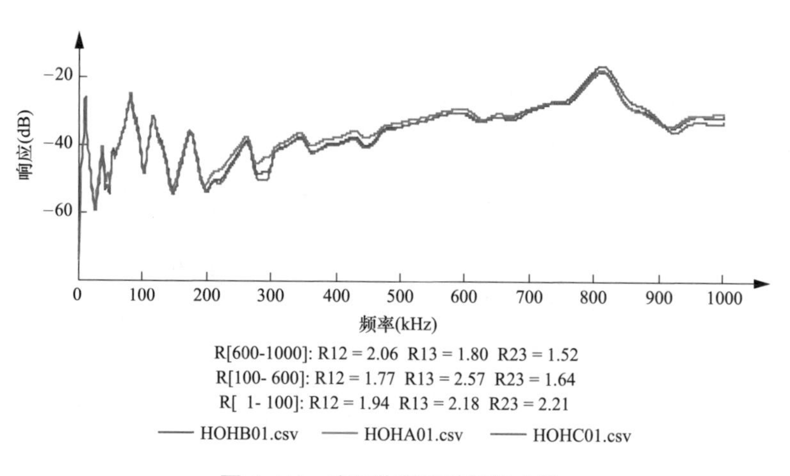

图 1–54　高压绕组频响特性曲线

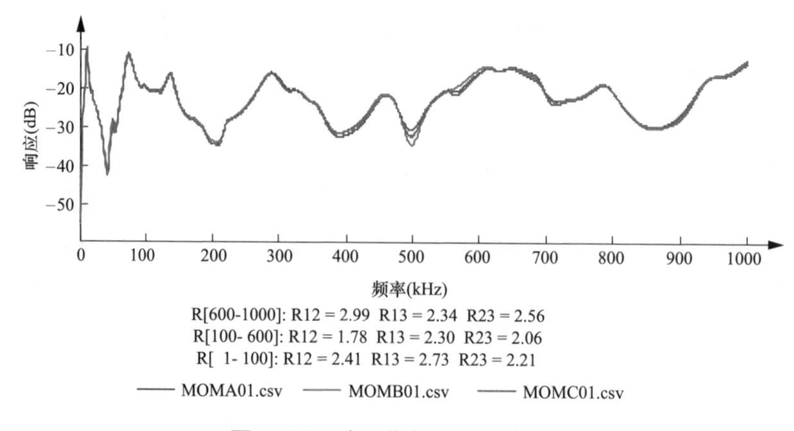

图 1–55　中压绕组频响特性曲线

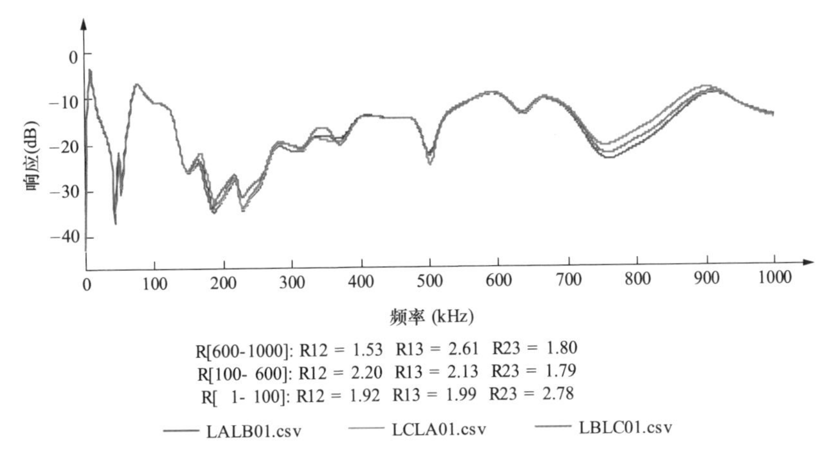

图 1-56 低压绕组频响特性曲线

3）2 号主变压器低电压短路阻抗测试结果如表 1-6 所示。

表 1-6 2 号主变压器低电压短路阻抗测试结果

分接挡位	高压 - 中压			高压 - 低压			中压 - 低压
	1 挡	9 挡	17 挡	1 挡	9 挡	17 挡	3 挡
u_{ke}（%）	11.05	10.59	10.54	19.23	18.73	18.68	6.45
u_k（%）	11.03	10.58	10.50	19.17	18.70	18.66	6.48
Δu_k（%）	-0.18	-0.09	-0.37	-0.31	-0.16	-0.11	0.47
L_{kA}（mH）	76.76	61.36	49.83	132.20	106.22	86.13	4.75
L_{kB}（mH）	76.81	61.45	49.92	130.43	106.07	86.01	4.67
L_{kC}（mH）	76.76	61.46	49.93	130.74	106.16	86.21	4.71
ΔL_{max}	0.07%	0.16%	0.20%	1.3%	0.14%	0.23%	1.7%

4）电压互感器进行绝缘电阻试验。电压互感器绝缘电阻分别为：A 相 3.21MΩ、B 相 16.5MΩ、C 相 22.7MΩ，试验不合格，并且在进行 A 相电压互感器绝缘电阻试验时，可见设备外壳有放电火花，说明 A 相电压互感器已击穿。试验数据如表 1-7 所示。

表 1-7　电压互感器绝缘电阻试验数据

试验目的	交接	试验日期	2014 年 8 月 7 日	环境温度	10℃
变电站	110kV变电站		运行编号	10kV II母	
一、铭牌参数					
型号	JDZX9-10G		额定电压	10kV	
制造厂	××互感器有限公司		制造日期	2014年4月	
序号	A		B		C
	1404011697		1404101696		1404011698
二、绝缘电阻（MΩ），仪器：3125型绝缘电阻表					
相　别	一次二次对地			二次对一次地	
A	13000			14000	
B	14000			12000	
C	12000			13000	
试验结论	合格				
试验目的	交接	试验日期	2014 年 11 月 25 日	环境温度	10℃
变电站	110kV变电站		运行编号	10kV II母	
一、铭牌参数					
型号	JDZX9-10G		额定电压	10kV	
制造厂	××互感器有限公司		制造日期	2014年04月	
序号	A		B		C
	1404011697		1404101696		1404011698
二、绝缘电阻（MΩ），仪器:3125型绝缘电阻表					
相　别	一次二次对地			二次对一次地	
A	3.21			–	
B	16.5			–	
C	22.7			–	
试验结论	合格				

（3）现场处理情况。11 月 25 日 11 时对三相电压互感器本体进行更换，更换后的电压互感器各项试验数据合格，满足投运条件。

1.9.2.2 综合分析

2 号主变压器油色谱化验，试验数据良好，属于合格范围。2 号主变压器短路阻抗试验合格，2 号主变压器绕组未发生变形。根据上述情况综合判断电压互感器柜爆炸的直接原因为母线发生单相接地故障，造成电压互感器电压升高，同时 A 相互感器由于绝缘水平较低与柜体发生弧光接地引起过电压，导致绝缘薄弱环节被击穿，发展成为相间短路故障，进而造成互感器爆炸。

1.9.3 结论及建议

1.9.3.1 结论

由于厂家生产工艺的缺陷，造成电压互感器在生产过程中存在某一处绝缘薄弱。现场运行中，当发生过电压时，绝缘薄弱处首先被击穿，造成单相接地故障，进而引起相间短路故障，造成互感器爆炸。

1.9.3.2 建议

（1）对该厂家同型号的所有电压互感器进行诊断性试验，确定是否为家族性缺陷。

（2）根据现场实际运行经验，干式互感器容易出现多次绝缘击穿现象。依据《国家电网有限公司十八项电网重大反事故措施（2018 年修订版）》第 11.4.2.1 条规定：10（6）kV 及以上干式互感器出厂时应逐台进行局部放电试验，交接时应抽样进行局部放电试验。

1.10

某110kV变电站10kV Ⅰ母电压互感器柜故障

1.10.1 故障简介

1.10.1.1 故障描述

2015年2月1日17时22分，接运维检修部通知，10kV Ⅰ母接地、10kV Ⅰ母电压互感器断线，经现场运维人员检查，10kV Ⅰ母电压互感器开关柜内三相高压熔断器熔断。

1.10.1.2 故障设备信息

10kV Ⅰ母电压互感器为单相电压互感器，型号为JDZXF11-10，出厂时间为2000年10月。

1.10.2 故障原因分析

1.10.2.1 现场检查及试验分析

（1）一次设备检查情况。在电压互感器底部角铁与本体接触部位发现有明显放电痕迹，拆除角铁后发现有一个直径2mm左右的放电点，如图1-57和图1-58所示。

图1-57 电压互感器外观

图1-58 C相2mm绝缘损坏处

（2）现场处理情况。2015 年 2 月 2 日，对三相电压互感器本体进行更换，更换后的电压互感器各项试验数据合格，满足投运条件。

1.10.2.2 综合分析

因电压互感器一次接线方式是星型接线，三相的 N 点短接接地的，当 C 相绝缘击穿，致使 C 相接地，产生弧光过电压及铁磁谐振，导致三相高压熔断器熔断。

1.10.3 结论及建议

1.10.3.1 结论

由于厂家生产工艺的缺陷，造成电压互感器在生产过程中存在某一处绝缘薄弱。现场运行中，当发生过电压时，绝缘薄弱处首先被击穿，造成单相接地故障，产生弧光过电压及铁磁谐振，导致三相高压熔断器熔断。

1.10.3.2 建议

（1）对该厂家同型号的所有电压互感器进行诊断性试验，确定是否为家族性缺陷。

（2）采用开关柜暂态地电压和超声波测试并结合红外测温的手段及早发现开关柜的潜在隐患。

（3）依据《国家电网有限公司十八项电网重大反事故措施（2018 年修订版）》第 11.4.2.1 条规定：10（6）kV 及以上干式互感器出厂时应逐台进行局部放电试验，交接时应抽样进行局部放电试验。

1.11

某 110kV 变电站 10kV Ⅰ母电压互感器开关柜柜内放电

1.11.1 故障简介

1.11.1.1 故障描述

2014 年 4 月 22 日，运维人员在某 110kV 变电站巡视过程中听到 10kV 配电室 10kV Ⅰ母电压互感器开关柜内有较大声音。随后上报并通知运检部，试验人员到达现场后，用 EA 局部放电检测仪对 10kV Ⅰ母电压互感器开关柜及进行超声波和暂态地电压检测，检测发现 10kV Ⅰ母电压互感器开关柜超声波和暂态地电压（TEV）值超过规程要求注意值，应停电检查。

1.11.1.2 故障设备信息

10kV Ⅰ母电压互感器带电显示支柱绝缘子型号为 CG_5–12Q/140，出厂时间为 2000 年 9 月。

1.11.2 故障原因分析

1.11.2.1 现场检查及试验分析

（1）一次设备检查情况。在 10kV Ⅰ母电压互感器带电运行的情况下，依据现场测试数据，10kV Ⅰ母电压互感器柜后柜中部缝隙处测得超声波值为 18dB，后上暂态地电压值为 33dB（测试值与金属背景之差），已超出规程注意值。规程要求超声波值大于 8dB、暂态地电压值大于 20dB（测试值与金属背景之差），大于注意值要停电检查，查明放电原因。可以判断 10kV Ⅰ母电压互感器柜柜内放电需及时处理。试验测试值见表 1–8。

表 1-8　10kV Ⅰ母电压互感器局放试验数据

环境温度	15℃			环境湿度			40%			
环境 TEV(dB)	10kV 配电室：5			环境超声（dB）			10kV 配电室：-7			
金属背景 TEV（dB）	10kV 配电室：13(配电室门靠 51-9 柜)			背景超声（dB）			10kV 配电室：-6（距 501 柜 1m 处）			
运行编号前中	TEV 测试（dB）							超声波测试（dB）		电流（A）
	前下	后上	后下	侧上	侧中	侧下	前	后	-	
母联 500	22	20	15	13	-	-	-	-6	-7	-
1 号主变压器 501	24	25	40	28	-	-	-	-7	-1	-
10kVI 母电压互感器	30	29	46	32	-	-	-	2	18	-
引用标准	Q/GDW 11060—2013《交流金属封闭开关设备暂态地电压局部放电带电测试技术现场应用导则》									
使用仪器	英国 EA ULTRA TEV PLUS+TM 多功能手持式局部放电检测仪									

在 10kV Ⅰ母电压互感器停电转检修后，检修人员打开 10kV Ⅰ母电压互感器柜上柜顶和后柜门发现柜内以前有过故障，里面有黑色粉尘并且带电显示装置线被剪断，如图 1-59 和图 1-60 所示。试验人员对电压互感器进行检查试验，未见异常，试验数据合格。

图 1-59　已废弃的带电显示装置

图 1-60　已被剪断带电显示装置二次线

随后对其 10kV Ⅰ母进行分相耐压试验，母线在试验电压加之 20kV 时，出现了明显放电现象，放电位置为母线带电显示支柱传感器剪断处，二次线对柜体放电，如图 1-61 和图 1-62 所示。

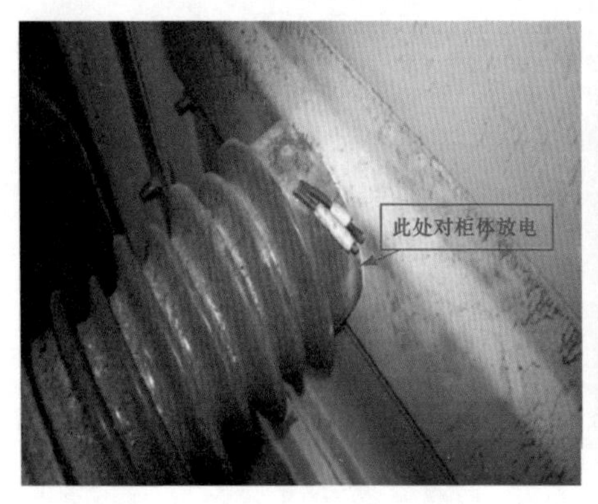

图 1-61　剪断二次线接头对柜体放电

图 1-62　污秽严重的带电显示支柱传感器

（2）现场处理情况。拆除已废弃的带电显示装置，进行柜内设备清扫，再次进行耐压试验，无异常声响，试验合格。10kV Ⅰ母带电后放电现象声消失，再次进行超声波和暂态地电压测试，数据合格（超声波最大值为 -3dB，暂态地电压最大值为 20dB）。

1.11.2.2 综合分析

在 10kV Ⅰ母电压互感器正常运行时，已废弃的带电显示支柱传感器裸露的二次线对柜体放电，造成局部放电测试数据超标。

1.11.3 结论及建议

1.11.3.1 结论

带电显示支柱传感器裸露的二次线在正常运行的情况下，会对周围接地金属外壳进行局部放电，造成异常声响，导致局部放电测试数据超标。

1.11.3.2 建议

（1）利用停电计划，对所有带电显示装置不工作的电压互感器开关柜进行检查，杜绝此类事件的发生。

（2）采用开关柜暂态地电压和超声波测试并结合红外测温的手段，及早发现开关柜的潜在隐患。

1.12

某 110kV 变电站 35kV Ⅱ母电压互感器油中溶解气体异常

1.12.1 故障简介

1.12.1.1 故障描述

2019 年 3 月 12 日，国网宁东供电公司对某 110kV 变电站 35kV Ⅱ母电压互感器进行例行取油样工作，3 月 14 日经绝缘油色谱试验后，发现 35kV Ⅱ母电压互感器油样结果中 A 相氢气、总烃远超过注意值，B 相与 C 相氢气超过注意值。

1.12.1.2 故障设备信息

35kV Ⅱ母电压互感器为单相电压互感器，型号为 JDX6-35-W3，出厂时间为 2011 年 10 月。

1.12.2 故障原因分析

1.12.2.1 现场检查及试验分析

（1）电气试验分析。35kV Ⅱ母 A 相电压互感器油色谱试验结果如表 1-9 所示。

表 1-9　35kV Ⅱ母 A 相电压互感器油色谱试验结果（μL/L）

气体	H_2	CO	CO_2	CH_4	C_2H_4	C_2H_6	C_2H_2	总烃
运行中注意值	≤ 150	–	–	–	–	–	≤ 2	≤ 100
试验结果	4999.9	269.27	275.36	1037.2	1.48	150.48	0.51	1189.6

1）从色谱分析数据中看出，2019 年 3 月 14 日油样结果中的氢气及总烃

含量远远超出注意值，根据特征气体组分含量可初步判断该设备存在故障。

2）判断设备可能存在故障后，进一步采用三比值法进行分析并根据编码判断设备问题，如表 1–10 和表 1–11 所示。

表 1–10　三比值编码表

<table>
<tr><th rowspan="2">气体比值范围</th><th colspan="3">比值范围编码</th></tr>
<tr><th>C_2H_2/C_2H_4</th><th>CH_4/H_2</th><th>C_2H_4/C_2H_6</th></tr>
<tr><td>＜0.1</td><td>0</td><td>1</td><td>0</td></tr>
<tr><td>[0.1, 1）</td><td>1</td><td>0</td><td>0</td></tr>
<tr><td>[1, 3）</td><td>1</td><td>2</td><td>1</td></tr>
<tr><td>⩾ 3</td><td>2</td><td>2</td><td>2</td></tr>
</table>

表 1–11　改良三比值法故障类型判断

<table>
<tr><th>C_2H_2/C_2H_4</th><th>CH_4/H_2</th><th>C_2H_4/C_2H_6</th><th>故障特征</th></tr>
<tr><td rowspan="5">0</td><td>0</td><td>1</td><td>低温过热（低于 150℃）</td></tr>
<tr><td rowspan="2">2</td><td>0</td><td>低温过热（150~300℃）</td></tr>
<tr><td>1</td><td>中温过热（300~700℃）</td></tr>
<tr><td>0, 1, 2</td><td>2</td><td>高温过热（高于 700℃）</td></tr>
<tr><td>1</td><td>0</td><td>局部放电</td></tr>
<tr><td rowspan="2">2</td><td>0, 1</td><td rowspan="4">0, 1, 2</td><td>低能放电</td></tr>
<tr><td>2</td><td>低能放电兼过热</td></tr>
<tr><td rowspan="2">1</td><td>0, 1</td><td>电弧放电</td></tr>
<tr><td>2</td><td>电弧放电兼过热</td></tr>
</table>

根据编码表，2019 年 3 月 14 日油样结果计算如下：

C_2H_2/C_2H_4=0.51/1.48=0.345，编码为 1；CH_4/H_2=1037.21/4999.95=0.207，编码为 0；C_2H_4/C_2H_6=1.48/150.48=0.01，编码为 0。因此，三比值组合对应编码为 100。依据改良三比值法故障类型判断，该设备可能存在电弧放电现象。

（2）解体分析。2019 年 3 月 23 日解体检查后，发现一次绕组与铜薄片连接焊点处绝缘纸有明显碳化痕迹，存在放电现象。多片硅钢片也因放电而导致变黑。证实该电压互感器内部存在放电缺陷。放电情况如图 1-63 所示。

图 1-63 解体检查图片

（3）现场处理情况。2019 年 3 月 18 日，检修人员对 35kV Ⅱ母电压互感器进行停电更换处理。更换后的电压互感器各项试验测试数据合格，满足投运条件。

1.12.2.2 综合分析

因 35kV Ⅱ母电压互感器内部一次绕组焊接不牢固，造成一次绕组对铜薄片连接焊点处绝缘纸放电，形成明显碳化痕迹，多片硅钢片也因放电而导致变黑。

1.12.3 结论及建议

1.12.3.1 结论

电压互感器内部一次绕组焊接不牢固，造成一次绕组对铜薄片连接焊点处绝缘纸放电，是典型的由于电压互感器内部放电故障，导致油中溶解气体超标。

1.12.3.2 建议

（1）加强电压互感器的选型、订货、验收及投运的全过程管理，敦促厂家提高生产工艺。

（2）按检修计划进行绝缘油色谱试验，结合状态检修的灵活性，提高设备运行的可靠性。

1.13

某 110kV 变电站 35kV Ⅱ母电压互感器 C 相油中溶解气体异常

1.13.1 故障简介

1.13.1.1 故障描述

2017 年 3 月 14 日，对某 110kV 变电站 35kV Ⅱ母电压互感器例行取油样并进行油色谱分析，发现该间隔 C 相电压互感器油色谱试验结果异常，油中总烃以及甲烷含量超标。2017 年 3 月 16 日，取样人员对该电压互感器再次取油样进行跟踪复测，跟踪数据与上次试验数据一致。试验数据显示该设备油中的氢气、总烃含量及总烃相对产气速率远远超出注意值。

1.13.1.2 故障设备信息

35kV Ⅱ母电压互感器为单相电压互感器，型号为 JDX6–35W3，出厂时间为 2011 年 10 月。

1.13.2 故障原因分析

1.13.2.1 现场检查及试验分析

（1）电气试验分析。2017 年 3 月 27 日，对该电压互感器进行了高压试验，通过高压试验数据，未发现异常。2017 年 3 月 14 日，油样结果中的氢气、总烃含量远远超出注意值，根据特征气体组分含量可初步判断该设备存在故障，如表 1–12 所示。

表 1–12　35kV Ⅱ母 C 相电压互感器油色谱试验结果（μL/L）

气体	H_2	CO	CO_2	CH_4	C_2H_4	C_2H_6	C_2H_2	总烃
运行中注意值	≤ 150	–	–	–	–	–	≤ 2	≤ 100
试验结果	13684.36	263.93	343.15	675.01	1.06	63.36	0	739.42

（2）判断设备可能存在故障后，进一步采用三比值法进行分析并根据编码判断设备问题，如表 1–13 和表 1–14 所示。

表 1–13　三比值编码表

气体比值范围	比值范围编码		
	C_2H_2/C_2H_4	CH_4/H_2	C_2H_4/C_2H_6
＜ 0.1	0	1	0
[0.1, 1）	1	0	0
[1, 3）	1	2	1
≥ 3	2	2	2

表 1–14　改良三比值法故障类型判断

<table>
<tr><th>C_2H_2/C_2H_4</th><th>CH_4/H_2</th><th>C_2H_4/C_2H_6</th><th>故障特征</th></tr>
<tr><td rowspan="5">0</td><td>0</td><td>1</td><td>低温过热（低于 150℃）</td></tr>
<tr><td rowspan="2">2</td><td>0</td><td>低温过热（150~300℃）</td></tr>
<tr><td>1</td><td>中温过热（300~700℃）</td></tr>
<tr><td>0, 1, 2</td><td>2</td><td>高温过热（高于 700℃）</td></tr>
<tr><td>1</td><td>0</td><td>局部放电</td></tr>
<tr><td rowspan="2">2</td><td>0,1</td><td rowspan="4">0, 1, 2</td><td>低能放电</td></tr>
<tr><td>2</td><td>低能放电兼过热</td></tr>
<tr><td rowspan="2">1</td><td>0, 1</td><td>电弧放电</td></tr>
<tr><td>2</td><td>电弧放电兼过热</td></tr>
</table>

根据编码表，2017 年 3 月 14 日油样结果计算如下：

C_2H_2/C_2H_4=0/1.06=0，编码为 0；CH_4/H_2=675.01/13684.36=0.049，编码为 1；C_2H_4/C_2H_6=1.06/63.36=0.017，编码为 0。因此，三比值组合对应编码为 010，依据改良三比值法故障类型判断，该设备可能存在局部放电现象。

（3）解体分析。2017 年 3 月 30 日，将该电压互感器解体，检查发现该电压互感器的铁芯硅钢片存在鼓包散开的现象，在鼓包侧的包扎布上有放电发黄的痕迹存在，如图 1-64 所示。

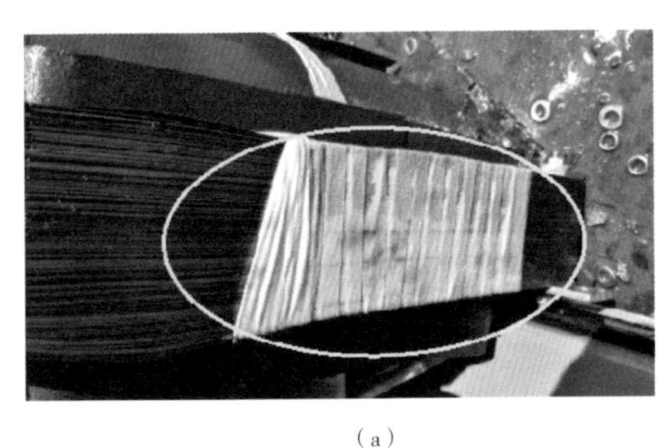

（a）

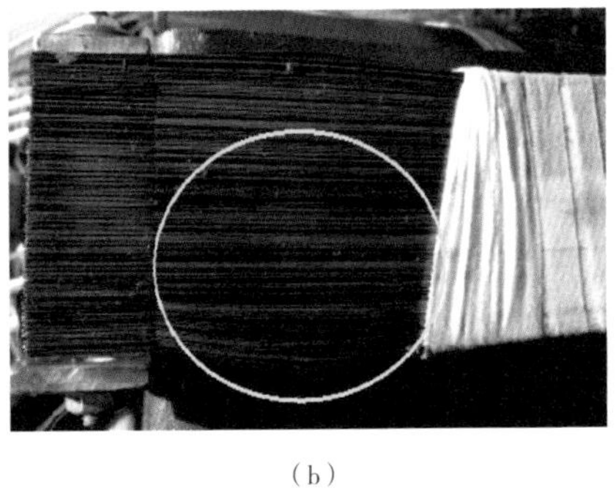

（b）

图 1-64　解体检查图片

（a）电压互感器侧面白布带；（b）电压互感器硅钢片鼓包

（4）现场处理情况。2017 年 3 月 27 日，对三相电压互感器本体进行更换，更换后的电压互感器各项试验数据合格，满足投运条件。

1.13.2.2 综合分析

该 35kV Ⅱ母电压互感器铁芯是由于夹件的紧固螺丝受力不均匀、存在杂质，或在电压互感器暂态过电压等恶劣运行工况下使硅钢片鼓包，造成某些硅钢片接地不良，运行过程中对地产生悬浮电位，形成局部放电，从而导致油中产生大量的氢气和甲烷，并在白布条上留下放电痕迹。

1.13.3 结论及建议

1.13.3.1 结论

硅钢片接地不良，产生悬浮电位，导致局部放电，是典型的由于电压互感器内部放电故障，导致油中溶解气体超标。

1.13.3.2 建议

（1）加强电压互感器的选型、订货、验收及投运的全过程管理，敦促厂家提高生产工艺。

（2）按检修计划进行绝缘油色谱试验，结合状态检修的灵活性，提高设备运行的可靠性。

1.14

某 110kV 变电站 10kV Ⅰ母电压互感器开关柜避雷器爆炸

1.14.1 故障简介

1.14.1.1 故障描述

2015 年 6 月 10 日 12 时 14 分，某变电站 10kV Ⅰ母避雷器爆炸，10kV Ⅰ母熔断器小车严重损坏，开关柜小车轨道及前后柜门变形。10kV Ⅰ母电压互感器开关柜的布置形式为：母线避雷器、熔断器安装在熔断器小车，母线电压互感器在开关柜后柜通过熔断器小车与母线连接。

1.14.1.2 故障设备信息

10kV I 母避雷器型号为 YH5WZ-17/45，出厂时间为 2014 年 2 月。

1.14.2 故障原因分析

1.14.2.1 现场检查及试验分析

（1）一次设备检查情况。2015 年 6 月 10 日 15 时，检修人员打开 10kV Ⅰ母电压互感器开关柜，现场设备如图 1-65 所示。

图 1-65　10kV Ⅰ母电压互感器开关柜现场图

电气试验人员对10kV Ⅰ母电压互感器进行高压试验，各项试验数据合格。

（2）现场处理情况。2015年11日凌晨1点，完成熔断器小车更换工作，各项高压试验数据合格，满足投运条件。

1.14.2.2 综合分析

该站10kV系统配置消谐器为压敏消谐器（电阻随电压升高而增大），当过电压为系统工频连续电压时，消谐器电阻不变，无法改变系统对地参数，无法消除铁磁谐振，当系统发生铁磁谐振后电压升高，避雷器无法承受长时间过电压导致损坏。

当10kV母线接地，由于避雷器性能劣化，系统产生持续过电压时，泄漏电流增大，避雷器热稳定遭到破坏，导致击穿后发生弧光短路接地，最后扩大为A、B相发生相间短路。

在其他变电站，发现同一厂家生产的避雷器存在绝缘类故障，电压仅为20kV左右达到1mA泄漏电流值，一般情况10kV泄漏1mA电压为26~27kV。

1.14.3 结论及建议

1.14.3.1 结论

10kV系统配置消谐器为压敏消谐器，无法消除铁磁谐振，当系统发生铁磁谐振后电压升高，避雷器无法承受长时间过电压导致损坏。当10kV母线接地，由于避雷器性能劣化，系统产生持续过电压时，泄漏电流增大，避雷器热稳定遭到破坏，导致击穿后发生弧光短路接地，最后扩大为A、B相发生相间短路。

1.14.3.2 建议

（1）此次发现该厂家生产的避雷器存在绝缘劣化缺陷，在另外一个站进行电容电流测试时发现两支避雷器绝缘电阻及直流泄漏试验不合格，鉴于此情况，国网宁夏电力有限公司安排各地市公司排查该厂家生产的所有在运避雷器是否存在绝缘缺陷等问题。

（2）对国网宁夏电力有限公司所辖变电站 10kV 系统排查一次消谐器是否具备热敏性能，尽快将不符合要求的设备进行更换，防止此类事件的发生。

1.15

某110kV变电站35kV Ⅱ母电压互感器膨胀器胀裂异常

1.15.1 故障简介

1.15.1.1 故障描述

2015年6月10日，某110kV变电站35kV母线报接地故障，调度人员远程操作，将该变电站启元二回线322断路器断开。运行人员到达现场后，发现站内35kV Ⅱ母电压互感器B相喷油，膨胀器冲开，B相电压互感器尾端接地线脱落，立即将此情况上报调度人员申请该变电站35kV Ⅱ母电压互感器转检修。

1.15.1.2 故障设备信息

35kV Ⅱ母电压互感器为单相电压互感器，型号为JDX6-35W，出厂时间为2003年1月。

1.15.2 故障原因分析

1.15.2.1 现场检查及试验分析

（1）一次设备检查情况。2015年6月11日，检修人员达到现场，35kV Ⅱ母电压互感器状况如图1-66所示。

图 1-66　35kV Ⅱ母电压互感器现场图

（2）现场处理情况。2015 年 6 月 11 日，检修人员对 35kV Ⅱ母电压互感器进行更换，各项试验数据合格，满足投运条件。

1.15.2.2 综合分析

35kV Ⅱ母电压互感器 B 相尾端接地因大风天气脱开，造成电压互感器尾端未接地，同时 35kV 系统发生单相接地故障，导致 35kV 系统发生铁磁谐振，35kV 系统电压互感器为充油型半绝缘电压互感器，无法配置一次消谐器，铁磁谐振无法消除，电压互感器失去工作接地，尾端电位悬浮，内部压力升高导致膨胀器损坏。

1.15.3 结论及建议

1.15.3.1 结论

35kV Ⅱ母电压互感器 B 相尾端接地脱开，在系统发生单相接地故障时，形成铁磁谐振，而充油型半绝缘电压互感器，无法配置一次消谐器，铁磁谐振无法消除，电压互感器失去工作接地，尾端产生悬浮电位，内部压力升高导致膨胀器损坏。

1.15.3.2 建议

（1）将电压互感器尾端接地线更换为多股黄绿软铜线，且将三相设备尾端接地线改为单根独立接地线，防止因接地相断线后导致单相设备全部无接地。

（2）目前宁夏电网的 35kV 电压互感器多为充油型半绝缘电压互感器，在一次尾端无法加装一次消谐器，对铁磁谐振及单相接地产生的电容电流无法起到抑制作用，因此就目前设备状况，建议对 35kV 系统单相接地故障应加以重视，防止此类事件的发生。

1.16

某 110kV 变电站 10kV Ⅰ母电压互感器二次接线烧损

1.16.1 故障简介

1.16.1.1 故障描述

2016 年 7 月 18 日凌晨 1 时 37 分 36 秒 704 毫秒，某 110kV 变电站 10kV Ⅰ母报保护、计量电压消失信号。由于 10kV Ⅰ母二次失压，运行人员前去现场进行检查，发现 10kV Ⅰ母电压互感器柜前柜门二次仓内有烟雾及塑料燃烧后产生的灰絮，但未发现明显的燃烧痕迹，同时二次保护、计量电压空气开关在合位。随后运行人员在保护人员检查允许并列后，操作将 10kV Ⅰ、Ⅱ母电压并列，Ⅰ母二次电压恢复。

1.16.1.2 故障设备信息

10kV Ⅰ母电压互感器为单相电压互感器，型号为 REL-10，出厂时间为 2012 年 12 月。

1.16.2 故障原因分析

1.16.2.1 现场检查及试验分析

（1）一次设备检查情况。保护人员在 10kV Ⅰ母电压互感器转检修并且小车开关拉出柜外后进行检查，发现小车开关内 A、B 相电压互感器二次接线柱处有明显燃烧痕迹，接线柱塑料罩及二次接线均已燃烧融化，小车开关电压互感器二次接线柱至航空插头的二次线也有燃烧痕迹。其中有两根二次接线烧损明显（后查明为保护及计量绕组的 N 线），如图 1-67 和图 1-68 所示。

图 1-67　10kV Ⅰ母电压互感器
二次接线烧损情况

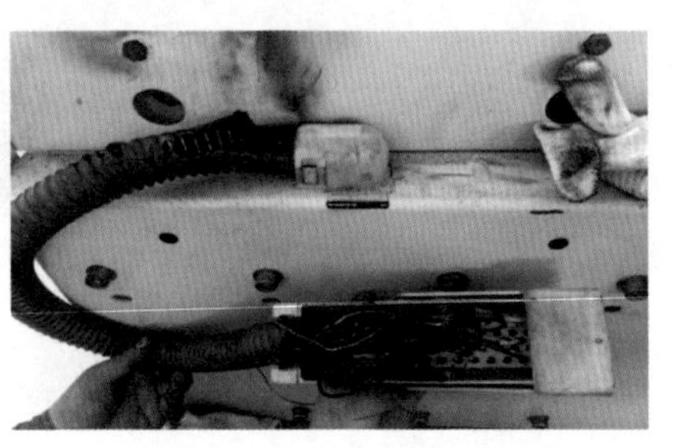

图 1-68　10kV Ⅰ母电压互感器
航空插头烧损情况

随后二次人员对 10kV Ⅰ母电压互感器柜前柜门二次仓内的二次接线及相关设备进行了检查，发现除保护及计量绕组的 N 线烧损较明显外，其他二次线及设备均正常。检查电压二次回路接线正常，二次保护及计量电压空气开关无外部异常，通断正常。试验人员对三相电压互感器进行高压试验，发现 B 相电压互感器的一次对二次及对地绝缘小于 10kΩ，严重超标。

（2）现场处理情况，2016 年 7 月 18 日，检修人员对三相电压互感器进行更换，各项试验数据合格，满足投运条件。

1.16.2.2 综合分析

针对以上事故，分析原因可能有如下两点：

（1）电压互感器二次侧短路，导致二次接线被烧损。

（2）B 相电压互感器内部缺陷导致运行中一次对二次绝缘击穿，一次对地容流通过二次绕组 N 相线，导致二次绕组接线烧损。

首先对第一种可能性进行分析，由于故障后检查保护及计量两个空气开关都没有跳开，且空气开关后端的二次线及装置除 N 相线外都没有明显的燃烧痕迹，可以判定如果为二次短路，则短路点一定在空气开关之前。结合现场航空插头处无明显燃烧，则可判定二次短路点一定在电压互感器二次接线端子至小车侧航空插头之间，但经检查这部分二次线有护套保护，且磨损、压折导致绝缘破损的可能性很低，检查发现除电压互感器二次接线柱处因塑料护罩燃烧导致二次接线全部烧损外，小车侧航空插头处能明显看到只有保护及计量的 N 相烧损严重，整根线芯外绝缘全部烧化，线芯裸露；其余二次接线包括 A、B、C 相电压二次线绝缘都相对完整。而如果二次短路，则 A、B、C 相电压二次线应烧损严重。另外，如电压互感器二次侧短路，因电压互感器二次侧相当于一个恒压源，其绕组阻值很小，故短路电流会很大，传变到一次侧也会产生一个较大的电流，一方面会使电压互感器一次熔断器迅速熔断，使二次失压，故二次接线烧损不应如此严重，另一方面因为一次绕组线圈线径非常细，且缠绕紧密，也会造成电压互感器一次绕组线圈烧断，并且发热严重，会使电压互感器有明显裂纹或因内部绝缘体（如树脂）融化造成渗液，而此次事故中，电压互感器一次外观完好，一次绕组直阻值也仅仅由初始的 1.24kΩ 增大到 5.925kΩ，并未熔断。结合以上两点原因，故判断不应为二次线短路导致。

对第二种可能性进行分析，由于 B 相电压互感器内部故障导致一次侧对二次侧绝缘击穿，一次对地容流窜入二次绕组，则会通过二次回路 N 相流入大地，故 N 相应烧损严重，这与现场情况相符，另外，试验数据表明 B 相电压互感器在故障后一次侧对二次侧绝缘确实降低到 10kΩ 以下（绝缘电阻表最低量程），可以认为已经击穿。虽然二次绕组短路导致一次侧绝缘降低的可能性也存在，但因一次装有熔断器，不应使一次绕组绝缘被破坏到如此程度；且现场 A、B 相电压互感器接线端子处烧损最为严重，但 A 相电压互感器一次熔断器并未熔断，如果是二次绕组短路则应为 A、B 相短路，势必会使 A、B 相一次熔断器熔断。还有通过检查故障时段的告警记录，发现在 10kV Ⅰ母电压互感器二次电压消失前，发生过 10kV Ⅰ母接地信号，此信号随着电压互感器二次电压消失，信号上发同时复归，且时间很短，故判断并非母线出线或母线本身真有接地，虽有可能为一相或两相电压互感器一次熔断器熔断导致，但正常运行母线无接地时，熔断器无故熔断的可能性较小，判断应为 B 相电压互感器一、二次绝缘击穿后使一次 B 相接地，随后对地容流使 B 相一次保险熔断，直到三相二次电压消失才复归。

综合以上分析，判断此次故障过程如下：

运行中 B 相电压互感器因内部老化故障导致一次绕组对二次绝缘击穿，

使B相一次接地，并且一次对地容流流过二次绕组N相，此电流使二次线芯迅速发热并燃烧，破坏了与N相线绑扎在一起的其他相电压二次线，同时高温使电压互感器二次接线柱处塑料防护罩点燃；B相母线接地造成其他两相电压抬高，C相一次熔断器熔断，故C相二次线相对完好；而B相电压互感器一次熔断器经过一次对地容流后虽已熔断，但A相电压互感器一次保险未熔断，二次线短路使二次线仍在发热助燃，直到二次线芯烧断后才使二次失压，此时因二次三相均无电压，故母线接地信号复归。

1.16.3 结论及建议

1.16.3.1 结论

经查明，该110kV变电站10kV开关柜为仿冒产品，其内配置的Ⅰ母电压互感器铭牌标注的容量等参数均为虚标，实际中因电压互感器体积限制，无法达到其标识的容量，且产品质量无法满足电网投运要求。

1.16.3.2 建议

（1）因现已证实该开关柜内使用了仿冒的互感器，故这批互感器的质量存在严重隐患，请运检部向上级部门反映，并联系生产厂家对此次事故及其使用仿冒产品的行为作出说明，清查仿冒产品的来源。

（2）结合此次事故，鉴于该站10kV开关柜可能存在大量仿冒互感器，故需对该站10kV开关柜内互感器进行清查，如证实均为仿冒，则需尽快进行更换。

（3）生产厂家需对此次事故及其造成的影响负责，如后期需对其柜内互感器进行更换，该厂家需承担更换工作中产生的产品、施工费用，并对停电造成的电量损失给予相应赔偿。

2

电流互感器类设备故障案例及分析

2.1

某 110kV 变电站 110kV 电流互感器故障

2.1.1 故障简介

2.1.1.1 故障描述

2010 年 4 月 8 日，在高压例行试验中，发现某 110kV 变电站 112 河玉线电流互感器主屏介质损耗值超标[1]，与上一周期对比有明显增长。

试验数据详见表 2–1，但两周期内电流互感器的绝缘电阻（见表 2–2 和表 2–3）数据比较，都在规程范围内，绝缘状况良好。随后将故障相电流互感器本体油样取回进行油色谱、微水、油介损试验，试验结果证明该电流互感器油品质量合格（见表 2–4~ 表 2–6）。

[1] 按照 Q/GDW 1168—2013《输变电设备状态检修试验规程》规定，110kV 等级电流互感器主屏的 $\tan\delta$（%）≤ 0.8%。

表 2-1　电流互感器介损试验数据

试验日期	2010 年 4 月 8 日				2007 年 3 月 16 日		–	
时间	10 : 40	11 : 50	15 : 20	–	–	–	–	–
相别		$\tan\delta$		C_x (pF)	$\tan\delta$	C_x (pF)	接线方式	标准
A	1.264	1.693%	1.722	513.3	0.695%	514.0	正接线	Q-GDW 1168—2013《输变电设备状态检修试验规程》中规定 110kV 电流互感器主绝缘在 20℃时的 $\tan\delta$ (%) 不大于 0.8%
B	0.767	0.957%	0.952	517	0.522%	515.7		
C	0.211	–		645.2	0.172%	643.7		
A 末屏	0.728	–		1011	–	–	反接线	Q-GDW 1168—2013《输变电设备状态检修试验规程》中规定 110kV 电流互感器末屏对地在 20℃时的 $\tan\delta$ (%) 不大于 1.5%
B 末屏	0.607	–		1047	–	–		
C 末屏	0.329	–		1190	–	–		

表 2-2　2010 年 4 月 8 日绝缘电阻试验数据

测量位置	A	B	C
一次对二次、末屏及地（MΩ）	100000	100000	100000
末屏对地	100000	100000	100000

表 2-3　2007 年 3 月 16 日绝缘电阻试验数据

测量位置	A	B	C
一次对二次、末屏及地（MΩ）	100000	100000	20000
末屏对地	100000	100000	100000

表 2-4　油色谱试验数据

组分	注意值	含量（μL/L）			
		A	B	C	O
氢（H_2）	150	18.25	18.11	31.77	–
氧（O_2）	–	–	–	–	–
甲烷（CH_4）	–	58.79	46.76	36.66	–
乙烷（C_2H_6）	–	0.33	4.35	0.08	–
乙烯（C_2H_4）	–	0.00	0.00	0.00	–
乙炔（C_2H_2）	0	0.00	0.00	0.00	–
一氧化碳（CO）	–	246.49	283.63	186.72	–
二氧化碳 (CO)	–	503.43	498.59	426.29	–
总　烃	100	59.12	51.11	36.74	–

表 2-5　微水试验数据

组分	注意值	含量（mg/L）			
		A	B	C	O
水分	不大于 35	7.9	8.3	9.4	–

表 2-6　油介质损耗试验数据

类别	注意值	A	B	C	O
油介质损耗	不大于 2%	0.220	0.304	0.298	–

通过对表 2-1 的数据进行分析，表明 A、B 相主屏介质损耗超标，于是对末屏介质损耗进行了测试，结果均正常，Q/GDW 1168—2013《输变电设备状态检修试验规程》标准为 $\tan\delta$（%）≤ 1.5%。同时发现，在 4 月 8 日的试验数据中出现的不同时间下 $\tan\delta$ 是变化的，设备刚停运不久的 $\tan\delta$ 和停运 5h 左右后的 $\tan\delta$，增量竟然高达 36.2%。而现场试验温度变化不大，排除了温度的影响。不同时间下 $\tan\delta$ 数据的增量，首先表明了介质损耗粒子性影响的存在，同时变化过大又说明在油品试验合格的情况下，固体绝缘中的老化问题造成

的纤维素等粒子的存在。

从以上试验数据，可以进行初步的分析，油色谱数据反映出两支故障相电流互感器的油品质量合格，且试验数据与上周期相比较，没有明显变化，即：电流互感器内部没有发生低能量的放电现象，没有出现密封不严绝缘受潮现象。

在此次设备问题发现之前，该间隔电流互感器中，即与现有 A、B 两相为同型号的 LCWB6-110W2 的 C 相，已经由于介质损耗试验数据不合格将其更换，现有 C 相型号为 LB6-126GYW2 的电流互感器为更换后的电流互感器。

在 2007 年 3 月 16 日的试验中，当时故障相 C 相的介质损耗试验数据见表 2-7。

表 2-7　C 相介质损耗试验数据

相别	$\tan\delta$	C_x(pF)	接线方式	标准
C	1.386%	517.6	正接线	《预规》中规定 110kV 电流互感器主绝缘在 20℃时的 $\tan\delta$ (%) 不大于 1.0%
C 末屏	0.887%	1021	反接线	《预规》中规定 110kV 电流互感器末屏在 20℃时对地 $\tan\delta$ (%) 不大于 2%

同样是介质损耗超过标准限值的问题，与此次 A、B 相出现的问题类似。

针对介质损耗超过标准限值的问题，考虑进行额定电压下的介质损耗试验，用来排除粒子的存在对 $\tan\delta$ 的影响，并且在 Q/GDW 1168—2013《输变电设备状态检修试验规程》中也明确指出，当发现介质损耗试验数据存在问题时，要进行额定电压下的介质损耗试验。于是对 A、B 两相进行了额定电压下的介质损耗试验，具体试验数据见表 2-8，并将测试数据进行了整理，绘制曲线分析图详见图 2-1 和图 2-2。

表 2-8　额定电压下的介质损耗试验数据

项目	介质损耗 $\tan\delta$（20℃）
试验时间	2010 年 5 月 7 日

续表

所加电压		10kV	20kV	30kV	40kV	50kV	60kV	70kV	72kV	变化率
A相	升压过程	1.845%	1.874%	1.805%	1.711%	1.63%	1.562%	1.49%	1.474%	27%
	降压过程	1.854%	1.899%	1.833%	1.748%	1.66%	1.567%	1.495%	-	27%
B相	升压过程	1.069%	1.072%	1.035%	0.981%	0.93%	0.886%	0.846%	0.834%	28%
	降压过程	1.067%	1.079%	1.038%	0.99%	0.94%	0.889%	0.842%	-	28%
标准范围		≤0.8%	≤0.8%	≤0.8%	≤0.8%	≤0.8%	≤0.8%	≤0.8%	≤0.8%	±0.3%

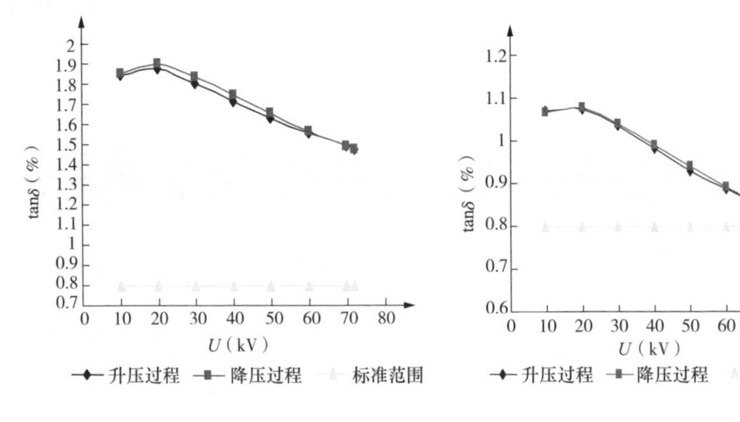

图 2-1　A 相介质损耗变化曲线

图 2-2　B 相介质损耗变化曲线

通过曲线图 2-1 和图 2-2 不难看出，介质损耗随着所加试验电压的升高而降低，同时粒子效应从外施电压为 20kV 开始，这属于 Garton 效应（在含纸的绝缘介质中，较低测试电压下的介质损耗因数是在较高测试电压下的 1~10 倍）的一种现象解释，且存在绝缘老化时纤维素在高电压下的聚合现象，具体的解释，将在下文做仔细说明。但介质损耗始终处于标准范围之上。通过计算介质损耗变化率增量发现，结果远远超过标准中规定的 ±0.003。

2.1.1.2 故障设备信息

故障电流互感器型号为 LCWB6-110W2，生产日期为 1998 年 8 月，投运日期为 1998 年 10 月。

2.1.2 故障原因分析

当发现 tanδ 超标问题，在排除电场、磁场、空间 T 型网络的干扰和外部脏污等问题后，对于试验数据本身就可以下结论，主要有两个方面分析，一方面是 Garton 效应，另一方面是粒子效应。生产厂家解释：该批产品在生产过程中，由于抽真空、烘干时间短和制作工艺上的不足，存在运行隐患。

（1）介质中存在 Garton 效应。因为介质中存在带电粒子，在较高电场的作用下，粒子发生极化效应，使得原来离散与介质中的粒子发生了极化（见图 2-3），粒子分布在了介质的两级，从而影响了交流电场下介质损耗的有功分量的通路（见图 2-4），进而发生了随电压增高介质损耗降低的现象。油纸绝缘中，这种粒子的离散性和在较高电场下的极化在相关文献和经验中已经得到了证实，即对刚停运的设备立即做介质损耗试验的试验数据要比设备停运几小时后的试验数据小（表 2-1 中，设备刚停和停了几小时复测的试验数据的对比，差距较大，从侧面说明了粒子影响很大），这也要求停运较长时间的设备，要先进行 1~2h 工作电压下的耐压试验，排除这种粒子极化效应的影响，才能使得试验数据更加较为真实地反映出设备的状况。

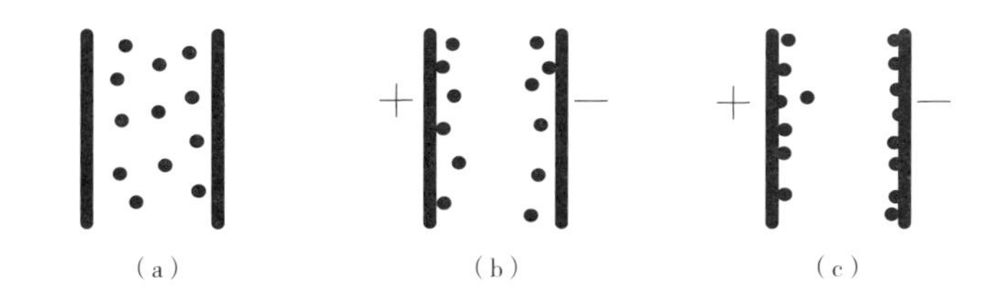

图 2-3　粒子极化图

（a）没有外加电场时的粒子；（b）粒子随外加电压升高开始极化；

（c）随着电压的升高粒子向两极板移动明显

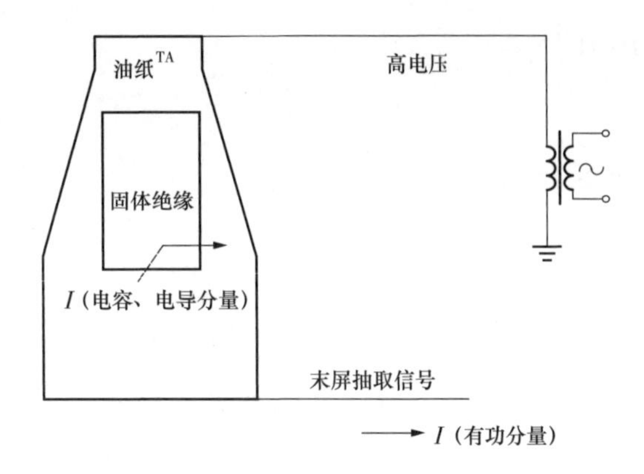

图 2-4　有功分量的通路图

（2）从离子的角度讲，在较高的电场作用下，油中胶体型带电粒子在交变工作电场作用下的运动受到纸纤维阻拦，而这种阻拦又随电场强度增加而呈现出更明显的规律。因此，含有胶体型带电粒子的油的损耗因数随电场强度提高而减小；由于胶体型微粒包括微生物等，有时会存在于油品中，而在常规的加热滤油等措施下，无法将其滤除，因为其粒子直径要小于滤纸的孔径，考虑到这种粒子效应的存在会影响介质损耗的大小，进行了额定电压的试验。试验结果表明，介质损耗虽有所下降，但依然超过了规程中要求的标准限值。

（3）由于绝缘内部老化问题的出现，固体绝缘中伴随着老化产生的纸纤维，随着电压的升高，纸纤维发生聚合，使得随粒子发生碰撞聚合的起始电压开始（见图 2-1 和图 2-2），粒子数目又发生逐步减少的现象，进而出现介质损耗出现下降的趋势。

2.1.3 结论及建议

2.1.3.1 结论

通过上述设备存在的问题分析，排除了各种干扰的影响，可以得出结论：试验设备存在绝缘劣化、介质损耗超标问题，应对 112 河玉线 A、B 相电流互感器进行更换。

2.1.3.2 建议

（1）在常规介质损耗试验中发现 tanδ 不符合规程要求时，要进行额定电压下的介质损耗试验，在排除各种干扰后，方能断定设备是否异常。

（2）设备停运后，应尽快对其进行介质损耗试验，对于长时间未投运的设备，应在进行介质损耗试验前，进行 1~2h 的耐压试验。

（3）由于互感器等设备的小容量特性，虽然油品质量没有发现问题，但其介质损耗试验所发现的潜在缺陷依然要给予非常高的重视。

（4）微观理论下的介质的粒子特性，能够较为全面和准确地解释介质损耗值的各种变化以及趋势，对于工程试验人员也有很大的帮助，能够分析出设备潜在的危害和试验数据表征出的现象本质。

（5）判断出设备出现老化、劣化、受潮等现象要仔细分析其中原因，排除固有粒子的影响，如极化、胶体粒子引起的增大或减小外，对于依旧存在的试验数据超过标准限制的设备，要给予足够的重视，防止劣化现象蔓延引发电网设备的安全性。

（6）梳理在网运行的由该厂家于 1998 年以前生产的电流互感器，安排停电检修计划，进行高压试验检查，逐步安排项目对该批次电流互感器进行更换。

2.2

某 330kV 变电站电流互感器 CO 含量过高

2.2.1 故障简介

2.2.1.1 故障描述

2016 年 8 月 23 日，国网宁夏电力有限公司检修公司电气检测一班按计划对某 330kV 变电站 110kV SF_6 设备进行 SF_6 气体微水、纯度、分解产物测试，发现 124 电流互感器 B 相 CO 含量过高，纯度不合格，怀疑设备内部存在故障。

2.2.1.2 故障设备信息

设备型号为 LVQB–110W2，生产时间为 2008 年 8 月 1 日。出厂编号为 08081289。

2.2.2 故障原因分析

从经验分析，CO 含量虽高，但基本还是安全的，可是纯度不合格，低至 83.6% 是很少见的，必须予以重视，查明不合格的原因。

（1）设备内部存在过热现象。从 124 间隔的负荷情况（见图 2–5）来看，124 州马线间隔电流为 9A，而额定值为 750A，变比为 750/5，该间隔基本处于空载状态，所以因为负荷过大造成设备内部发热的问题可以排除。

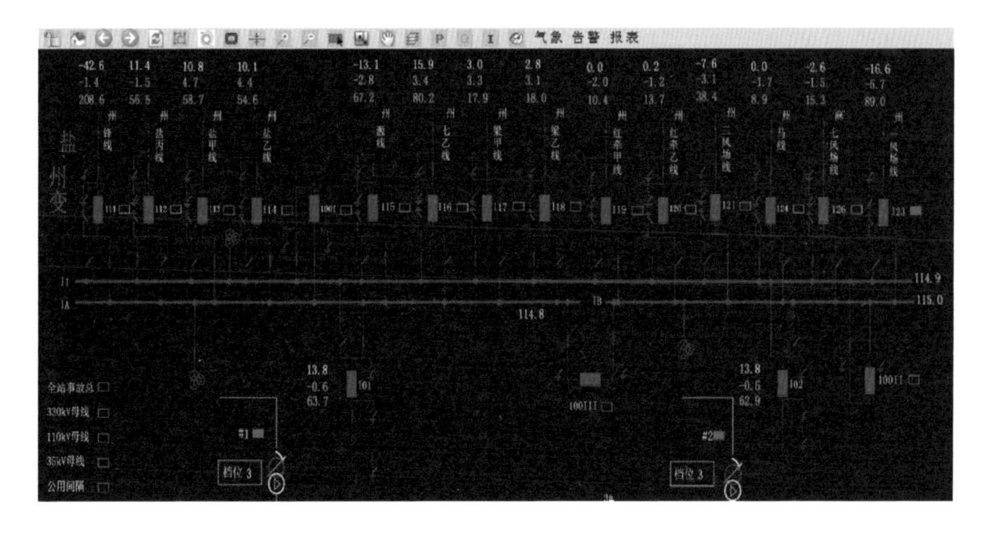

图 2-5　某 330kV 变电站 124 州马线间隔负荷图

（2）设备外部存在发热缺陷。为了检查设备是否因发热引起，对设备进行红外测温（见图 2-6）。

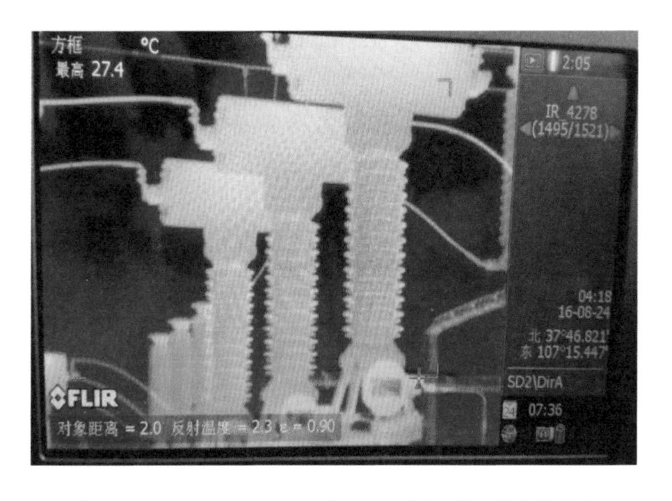

图 2-6　某 330kV 变电站 124 州马线红外测温图

通过红外测温，设备最高温度为 27.4℃，确定设备没有发热现象。

（3）检查 CO 过高、纯度过低是否为安装充气或后期补气带入。查阅设备投运前报告，没有进行分解物测试，无法判断设备中 CO 是否是投运补气时带入，而新气也不测试 CO 含量。但是考虑到整个地区同批新建投运的 110kV 电流互感器都没有 CO 过高的现象，基本说明当时充气所用的一批新气 CO 是合格的，而且查阅档案，当时投前实验报告显示，纯度为 99.9%, 所以投前气体就不合格的问题可以排除。另外A、B、C三相只有B相CO偏高，纯度不合格，而A、C相不高，且纯度为99.9%，也可以说明新气质量有问题的可能性不大，如果该批新气有问题，那么三相的CO值都应该偏大，纯度也应该不合格。

排除了新气的问题，再来排除是否后期补气带入CO和杂质导致CO偏高及纯度偏低。查阅现场设备运行记录及修试记录，未发现124电流互感器有补气记录，说明问题也非后期补气带入。

（4）取气样进行成分分析。为了确定纯度不合格的原因，国网宁夏电力有限公司检修公司和国网宁夏电力科学研究院配合，决定将124电流互感器B相的气样送西安交通大学进行12组分的色谱分析，确定气体内部成分及含量，表2-9为实验数据（共进行七次分析，各次值差别不大，以下数据是其中一次）。

表2-9　124电流互感器气体成分及含量

产物种类	C_3F_8	SOF_2	SO_2	H_2	O_2	N_2	CO	CO_2	CH_4	CF_4	CS_2	SO_2F_2
产物含量（μL/L）	136.24	1.196	2.29	12.765	2183.39	1291.16	87.49	44.21	1.11	99.28	0.118	-

1）从检测结果看，气体内部有多种组分，包括SOF_2、SO_2、CS_2，含有H_2、O_2、N_2等几种常见空气成分，以及CO、CO_2、C_3F_8、CH_4、CF_4等含碳化合物，其中CH_4、CS_2含量很低，暂不作为判断依据。

2）从硫化物来看，尤其是SO_2，其含量为2.29μL/L，说明内部有放电或高能过热故障。通常SO_2在设备内部存在放电或者过热点并造成SF_6分解后形成。电流互感器内部并无灭弧气室，也没有分合闸等类型的操作，所以SO_2应为故障放电所产生。互感器内吸附剂及电容屏等也可以吸附SO_2，所以实际SO_2的量应该不止目前所测得到这个浓度。而且根据QGW/1168—2013《输变电设备状态检修规程》，SO_2的值应该小于1μL/L。

3）H_2、O_2、N_2并非SF_6分解的产物，其来源应为设备外部的空气或由于电流互感器制造时干燥抽真空的力度不够而出现。现场检测纯度低于90%，也和这几种组分含量有关。H_2组分含量也有可能来源于内部放电缺陷。

4）含碳化合物中，CO、CO_2、CF_4、C_3F_8等几种含碳化合物含量较高，CO含量超过80μL/L，CO_2含量超过40μL/L，CF_4及C_3F_8含量均超过100μL/L，

含碳化合物的含量偏高，结合氢气含量 12μL/L，所以怀疑，该电流互感器内部电容屏或支撑绝缘子等涉及固体绝缘材料的位置处存在高能量放电。

（5）停电进行试验。为了判断设备内部是否发生故障，2016 年 8 月 31 日，国网宁夏电力有限公司检修公司组织各专业人员对该台互感器进行了停电实验。试验项目包括气体组分、绝缘、励磁特性、耐压等试验。

1）绝缘实验。采用 megger 绝缘电阻测试仪对该电流互感器进行对地绝缘电阻测试，电阻值约 120GΩ，绝缘电阻合格。

2）励磁特性实验。对二次绕组加 400V 电压，测得在该电压作用下流入二次绕组的电流，得到电流互感器的伏安特性曲线（见图 2-7~ 图 2-11）。

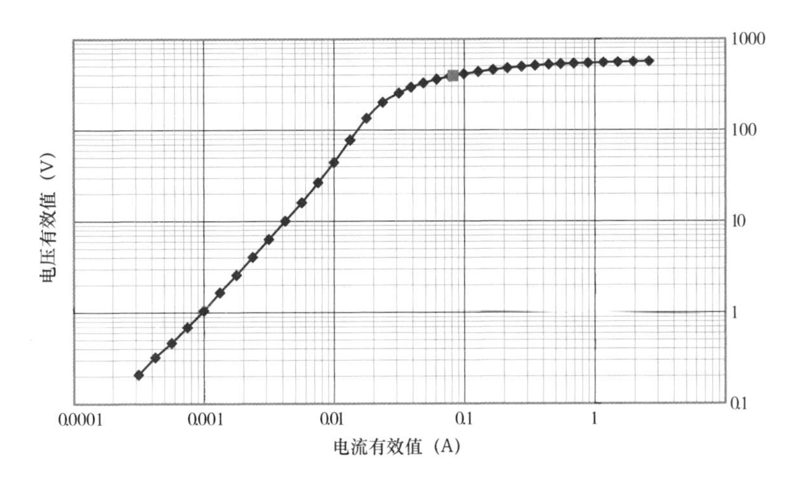

图 2-7　1S1-1S2 励磁曲线

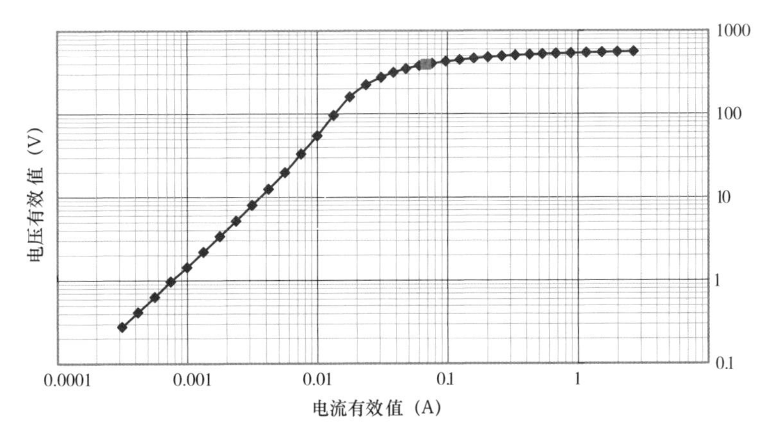

图 2-8　2S1-2S2 励磁曲线

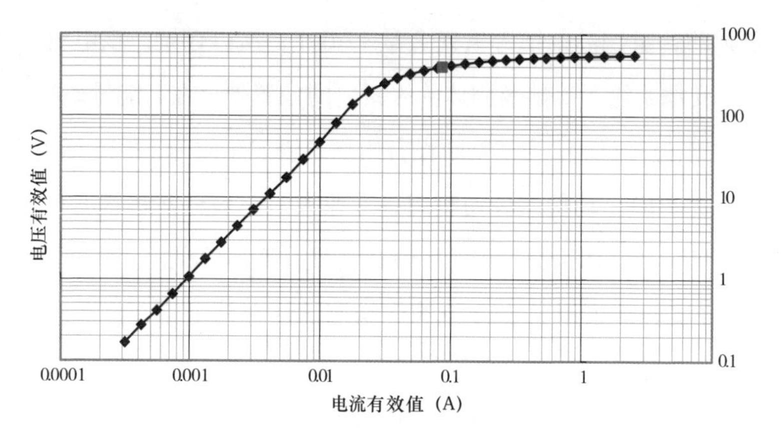

图 2-9　3S1-3S2 励磁曲线

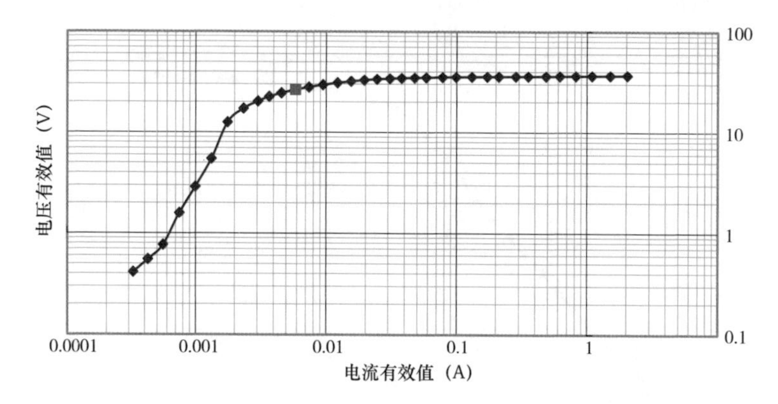

图 2-10　4S1-4S2 励磁曲线

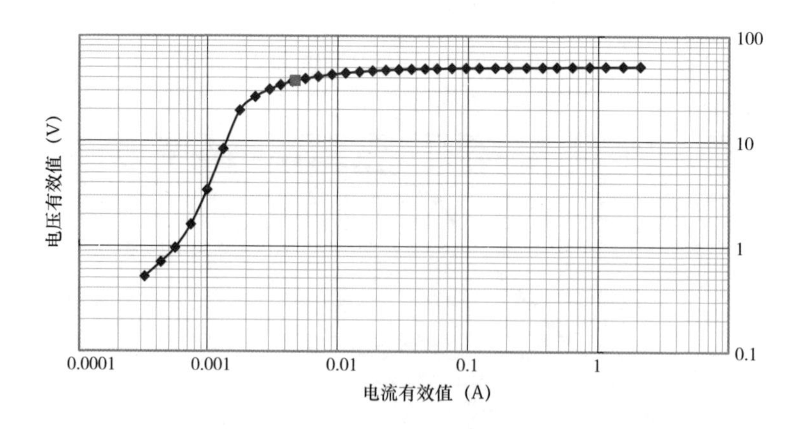

图 2-11　5S1-5S2 励磁曲线

从励磁曲线来看，曲线平滑稳定，没有疑似匝间短路的起始电流较正常偏小的问题，且与A、C相及出厂的伏安特性曲线比较，电压没有明显的降低(当有匝间短路时，其曲线开始部分电流较正常的略低）。

所以确认二次绕组没有匝间短路。

3）交流耐压试验。对该相电流互感器施加 184kV 交流电压 1min，试验顺利通过，表明设备工况良好。在耐压实验后，实验人员又进行了励磁特性、绝缘电阻、气体组分试验，试验结果合格。

2.2.3 结论及建议

工作人员应继续加强对该电流互感器 B 相成分的跟踪分析，如果分解物含量能够保持稳定运行，将采取跟踪手段进行监测，如果含量值呈现上升趋势，则立即安排进行停电处理，确保设备的安全运行。

2.3

某 330kV 变电站电流互感器 C 相波纹管喷油

2.3.1 故障简介

2.3.1.1 故障描述

2018 年 9 月 5 日，变电检修中心接到生产调度通知：某 330kV 变电站电流互感器 C 相波纹管喷油。

变电检修中心工作人员随即赶赴现场，由于该电流互感器结构是少油倒置式，通过对设备内的油样进行色谱分析并结合三比值法判断，怀疑有内部放电，造成喷油的原因可能是内部较高能量放电造成内部压力瞬间增大，倒置膨胀器损坏、破裂，进而导致喷油，现场照片如图 2-12 所示。

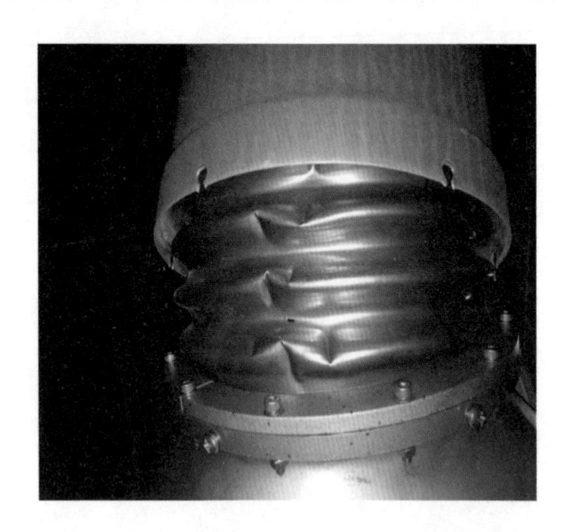

图 2-12　电流互感器 C 相波纹管损坏照片

2.3.1.2 故障设备信息

设备型号为 AGU-363，额定电压为 363kV，额定电流为 1250A，出厂时间为 2014 年 8 月 1 日，出厂编号为 14A08410-1，投运时间为 2015 年 4 月 16 日。

2.3.2 故障原因分析

运用气相色谱法对电流互感器的油样进行分析，数据如表 2–10 所示。

表 2–10　绝缘油中溶解气体色谱分析报告

站名	×× 变电站	取样日期		2018 年 9 月 5 日
设备名称	3351 电流互感器	分析日期		2018 年 9 月 5 日
油号	25 号	取样原因		追踪复查
电压等级（kV）	330	脱气量（mL）		9
规程及标准	Q/GDW 1168—2013《输变电设备状态检修试验规程》			
注意值（μL/L）	总烃	C_2H_2	H_2	微水（mg/L）
	100	1	150	15
测定结果				
		A	B	C
组分含量（μL/L）	H_2	13.04	13.80	23924.30
	O_2	0.00	0.00	0.00
	N_2	0.00	0.00	0.00
	CO	43.96	43.33	22.65
	CO_2	219.30	147.90	0.00
	CH_4	2.02	1.62	916.07
	C_2H_4	1.31	0.97	0.90
	C_2H_6	3.63	1.44	274.93
	C_2H_2	0.14	0.14	1.09
	总烃	7.10	4.17	1192.99
水分（mg/L）		13.6	12.5	14.3

通过表 2–10 可以看出，电流互感器 C 相油中溶解气体的乙炔、氢气、总烃超过规程要求的注意值，初步判断为内部放电，再根据三比值法（见表 2–11），对放电类型进行进一步分析判断。

表 2–11　三比值编码表

气体比值范围	比值范围编码		
	C_2H_2/C_2H_4	CH_4/H_2	C_2H_4/C_2H_6
< 0.1	0	1	0
[0.1, 1)	1	0	0
[1, 3)	1	2	1
≥ 3	2	2	2

根据表 2–10 油中溶解气体的分析数据可知：C_2H_2/C_2H_4 ＝ 1.09/0.90=1.2, CH_4/H_2=916.07/23924.30=0.03,C_2H_4/C_2H_6=0.90/274.93=0.003, 查表 2–11 可知编码为 110，根据表 2–12 判断该电流互感器内部存在电弧放电。

表 2–12　应用三比值法对故障类型的判断

编码组合			故障类型判断	故障实例（参考）
C_2H_2/C_2H_4	CH_4/H_2	C_2H_4/C_2H_6		
0	0	1	低温过热（低于 150℃）	绝缘导线过热，注意 CO 和 CO_2 的含量以及 CO_2/CO 值
	2	0	低温过热（150~300℃）	分接开关接触不良，引起夹件螺丝松动或接头焊接不良，涡流引起铜过热，铁芯漏磁，局部短路，层间绝缘不良，铁芯多点接地
	2	1	中温过热（300~700℃）	
	0, 1, 2	2	高温过热（高于 700℃）	
	1	0	局部放电	高湿度，高含气量引起油中低能量密度的局部放电
2	0, 1	0, 1, 2	低能放电	引线对电位未固定的部件之间连续火花放电，分接抽头引线和油隙闪络，不同电位之间的油中火花放电或悬浮电位之间的火花放电

续表

编码组合			故障类型判断	故障实例（参考）
2	2	0, 1, 2	低能放电兼过热	
1	0, 1	0, 1, 2	电弧放电	线圈匝间、层间短路，相间闪络、分接头引线间油隙闪络、引起对箱壳放电、线圈熔断、分接开关飞弧、因环路电流引起对其他接地体放电

2.3.3 结论及建议

2.3.3.1 结论

通过对该变电站电流互感器 C 相油中溶解气体乙炔、氢气、总烃超过规程要求的注意值，分析数据及对比三比值表，可以得出结论：此电流互感器内部存在电弧放电。

2.3.3.2 建议

设备已不具备继续运行条件，建议尽快更换新设备并对拆除后的设备进行解体检查，进一步分析设备故障原因。

2.4

某 35kV 变电站电流互感器炸裂

2.4.1 故障简介

某供电公司在运 LZZBJ9-40.5W 型电流互感器 88 台，分别投运于 2012 年 6~12 月，其中 2 台在运行期间被击穿炸裂，分别为 35kV 变电站 3501A 相、3512A 相电流互感器，图 2-13 所示为电流互感器炸裂后现场所拍照片。

图 2-13　电流互感器炸裂现场图片

2.4.2 故障原因分析

2.4.2.1 现场检查及试验分析

针对炸裂的电流互感器，查阅其试验报告，发现上述 2 台电流互感器的出厂试验报告及交接试验报告中的绝缘电阻及交流耐压项目均符合规程规定，排除设备在投运前存在贯穿性绝缘不合格的可能，初步认定电流互感器在制造过程中，绝缘体（环氧树脂）存在气泡或绝缘材料不纯，使得电流互感器在经过一定时间的运行，绝缘性能不断下降，最后导致击穿炸裂。

为进一步确定原因，检修人员仔细检查电流互感器绝缘击穿现场，发现设备存在工艺缺陷，设备绝缘材料性能不良，存在质量问题。

2.4.2.2 解体分析

经返厂解剖后复测，证实为高压击穿，去除硅橡胶伞裙后，发现表面有轻微裂纹，如图 2-14 所示。将产品解体后发现产品出现裂纹侧环氧树脂较薄，另一侧较厚，如图 2-15 所示。

图 2-14　去除硅胶伞裙后照片

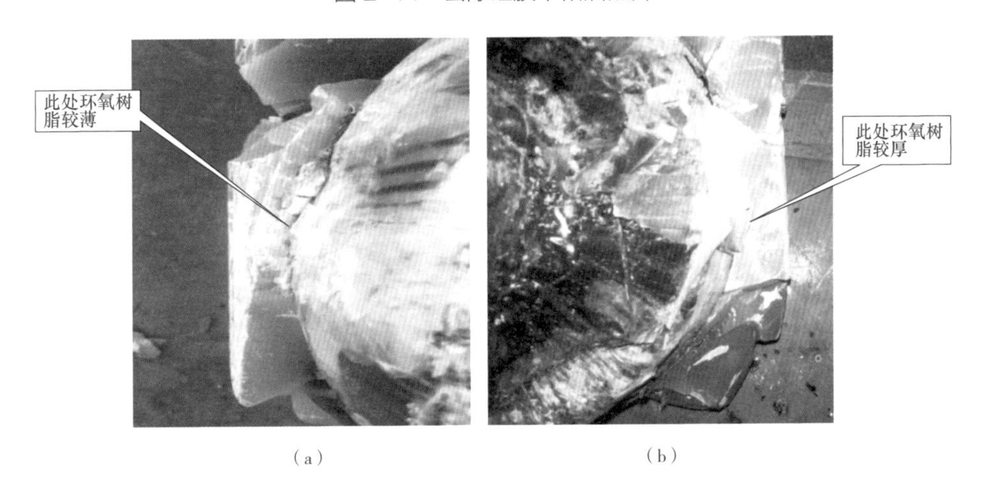

图 2-15　解体后观察环氧树脂情况

（a）电流互感器一侧分解图；（b）电流互感器另一侧分解图

2.4.3 结论及建议

2.4.3.1 结论

通过查看生产过程记录，发现本批产品均为 2012 年 8 月 7 日夜班装模浇注，通过产品解体照片看出，产品器身存在明显的偏移，导致产品两侧环氧树脂厚度不均匀。且经查看浇注记录，本炉产品材料配方（重量比）为：环氧树脂 : 固化剂 : 填料 : 增韧剂 =100 : 71 : 363 : 20，实际添加的填料超出了工艺要求，环氧树脂混合料韧性降低，裕度减小。二次包扎工艺中的缓冲层未作相应的加厚，缓冲作用减弱，产品浇注固化后本身存在的内应力消除不彻底。

另外，在产品运行过程中，受到寒冷天气的影响，进一步冷缩，从而导致开裂，进而造成一次绕组、二次绕组之间的主绝缘受到破坏，高电压沿断裂面对屏蔽层发生大面积沿面闪络，导致电流互感器炸裂。

2.4.3.2 建议

（1）针对 LZZBJ9-40.5W 型电流互感器存在的问题，供电公司已及时和生产厂家联系，对 2012 年投运的 88 台电流互感器进行了更换。

（2）供电公司要求运行人员和检修人员对还未更换的电流互感器加强现场巡视和监视工作，以确保发现问题能够及时快速处理，保证设备安全运行。

3

避雷器类设备故障案例及分析

3.1

某 220kV 变电站线路避雷器缺陷

3.1.1 故障简介

3.1.1.1 故障描述

2016 年 3 月 11 日，国网石嘴山供电公司检修人员首次对某线路避雷器进行运行电压下阻性电流测试，试验数值合格。2017 年 5 月 26 日，国网石嘴山供电公司按计划对某 220kV 变电站进行带电检测时，发现线路避雷器三相运行电压下阻性电流分量较 2016 年测试值有明显增长。2017 年 6 月 12 日，工作人员对其进行再次跟踪试验，发现惠城甲线 60211 线路避雷器三相运行电压下阻性电流分量较 5 月 26 日测试数据仍有明显增长，如表 3–1 所示。

表 3–1　线路避雷器运行电压下阻性电流测试比较

<table>
<tr><th>间隔名称</th><th colspan="2">测试项目</th><th>A 相</th><th>B 相</th><th>C 相</th></tr>
<tr><td rowspan="10">线路避雷器</td><td rowspan="2">2016 年 3 月 11 日测试值</td><td>全电流（μA）</td><td>599</td><td>487</td><td>518</td></tr>
<tr><td>阻性电流（μA）</td><td>23</td><td>18</td><td>20</td></tr>
<tr><td rowspan="4">2017 年 5 月 26 日测试值</td><td>全电流（μA）</td><td>651</td><td>502</td><td>535</td></tr>
<tr><td>初值差</td><td>8.68%</td><td>3.08%</td><td>3.28%</td></tr>
<tr><td>阻性电流（μA）</td><td>95</td><td>29</td><td>78</td></tr>
<tr><td>初值差</td><td>313.04%</td><td>61.11%</td><td>290.00%</td></tr>
<tr><td rowspan="4">2017 年 6 月 12 日测试值</td><td>全电流（μA）</td><td>711</td><td>526</td><td>557</td></tr>
<tr><td>初值差</td><td>18.70%</td><td>8.01%</td><td>7.53%</td></tr>
<tr><td>阻性电流（μA）</td><td>159</td><td>62</td><td>124</td></tr>
<tr><td>初值差</td><td>591.30%</td><td>244.44%</td><td>520.00%</td></tr>
</table>

2017 年 6 月 13 日凌晨 0 时 30 分，工作人员对该组避雷器进行了夜间红外精确测温，红外测温未发现避雷器有明显发热现象，如图 3–1 所示。

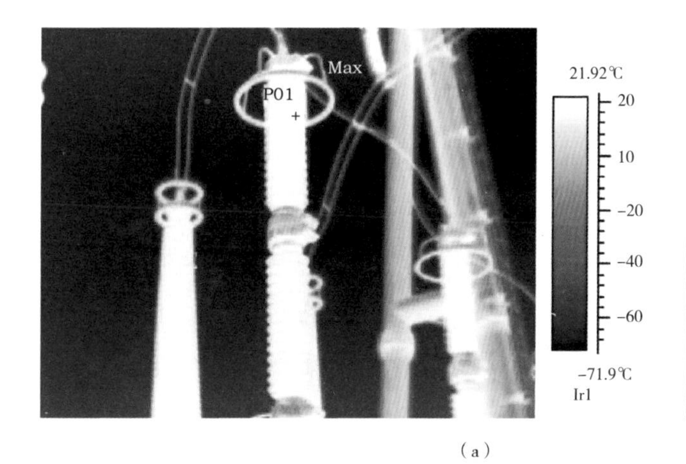

热图信息	值
热图号	1
辐射率	0.95
距离	5
最高温度	21.92
最低温度	-71.9
标题	值
P01：温度	20.57
P01：辐射率	0.95
Max：温度	21.92
Max：辐射率	0.95

（a）

热图信息	值
热图号	2
辐射率	0.95
距离	5
最高温度	24.05
最低温度	-20.95
标题	值
Max：温度	24.05
Max：辐射率	0.95
P02：温度	20.71
P02：辐射率	0.95

（b）

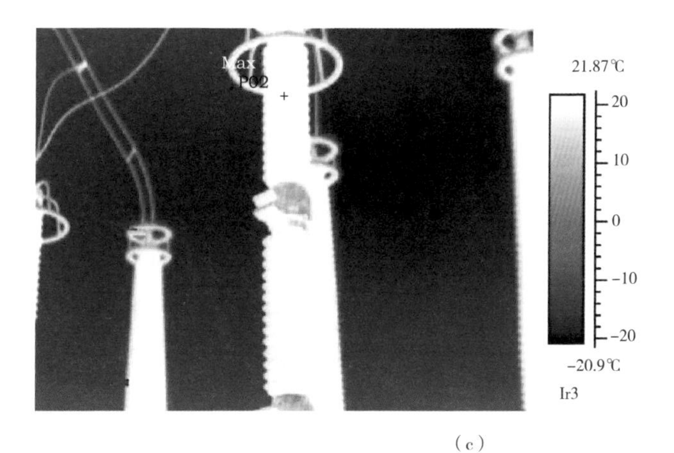

热图信息	值
热图号	3
辐射率	0.95
距离	5
最高温度	21.87
最低温度	-20.9
标题	值
Max：温度	21.87
Max：辐射率	0.95
P02：温度	20.65
P02：辐射率	0.95

（c）

图 3-1　线路避雷器夜间红外精确测温图谱

（a）A 相避雷器红外图谱；（b）B 相避雷器红外图谱；（c）C 相避雷器红外图谱

依据 Q/GDW 1168—2013《输变电设备状态检修试验规程》5.16.1.1 金属氧化物避雷器对于运行中持续电流检测（带电）要求：阻性电流初值差≤ 50%，且全电流≤ 20%。如表 3-1 所示，2017 年 5 月 26 日测试值较 2016 年测试初值 A、B、C 三相阻性电流分别增长 313.04%、61.11%、290.00%，2017 年 6 月 12 日测试值较 2016 年测试初值 A、B、C 三相阻性电流分别增长 591.30%、244.44%、520.00%，均已严重超过规程标准值。

由于当工频电压作用于金属氧化物避雷器时，阻性电流是造成金属氧化物电阻片发热的主要原因。良好的金属氧化物避雷器虽然在运行中长期承受工频运行电压，但因流过的持续电流通常远小于工频参考电流，引起的热效应极微小，不致引起避雷器性能的改变；而在避雷器内部出现异常时，主要是阀片严重劣化和内壁受潮等阻性分量将明显增大，并可能导致热稳定破坏，造成避雷器损坏。

3.1.1.2 故障设备信息

该变电站出线避雷器设备参数为：设备型号为 Y10W5-204/532；出厂时间为 2014 年 7 月；额定电压为 204 kV；持续运行电压为 159 kV；出厂编号为 A 相 579，B 相 578，C 相 577。

3.1.2 故障原因分析

3.1.2.1 现场检查及试验分析

依据 Q/GDW 1168—2013《输变电设备状态检修试验规程》5.16.1.4 内容：金属氧化物避雷器运行中持续电流检测（带电），通过与历史数据及同组间其他金属氧化物避雷器的测量结果相比较做出判断，彼此应无显著差异。当阻性电流增加 0.5 倍时，应缩短试验周期并加强监测；增加 1 倍时，应停电检查。鉴于试验结果中阻性电流明显呈增长趋势，且已不满足规程要求，运行时，特别是在有线路遭受雷击的情况下，易发生损毁故障，故变电检修室于 2017 年 6 月 15 日申请对惠城甲线 60211 停电检查试验。

（1）绝缘电阻测试。绝缘电阻试验 A 相整体绝缘电阻为 25000MΩ，B 相整体绝缘电阻为 80000MΩ，C 相整体绝缘电阻为 150000MΩ，A 相整体绝缘电阻明显小于 B、C 两相。

避雷器直流 1mA 电压（U_{1mA}）及在 0.75 U_{1mA} 下漏电流测试数据如表 3-2 所示。

表 3-2　线路避雷器直流试验测试数据

相别		U_{1mA} (kV)	U_{1mA} 初值 (kV)	U_{1mA} 初值差	0.75 U_{1mA} 泄漏电流 (μA)
A	上节	118.6	155.5	−23.73%	216.9
	下节	91.4	158.6	−42.37%	293.4
B	上节	159.0	158.1	0.57%	185
	下节	158.8	157.9	0.57%	14.5
C	上节	159.6	158.5	0.69%	10.1
	下节	158.7	157.6	0.70%	25.8

依据 Q/GDW 1168—2013《输变电设备状态检修试验规程》5.16.1.1 内容：直流 1mA 电压（U_{1mA}）及在 0.75 U_{1mA} 下漏电流测量：① U_{1mA} 初值差 ≤ ±5%；② 0.75 U_{1mA} 漏电流初值差≤ 30% 或≤ 50μA（注意值）。由表 3-2 所得测试值，A 相避雷器上、下节和 B 相避雷器上节停电直流试验均远远超过规程标准值。初步判断：该变电站惠城甲线 60211A 相避雷器上、下节和 B 相上节疑似存在内部整体受潮现象。供电公司随即对该组避雷器进行更换，更换后三相避雷器试验结果均正常。

（2）为确定该变电站其他间隔同厂家同批次避雷器是否也存在与故障避雷器相同的问题，2017 年 6 月 16 日又对该站所有 220kV 避雷器进行跟踪试验，发现增幅较为明显（达 50% 以上且与交接值相比增幅明显）的间隔有：湖城甲线 60216A、C 相阻性电流增长分别 87.93%、74.14%，惠城乙线 60212B 相阻性电流增长为 266.67%，2 号主变压器 220kV 侧 B 相阻性电流增长为

58.14%。其余增幅超过 50% 的，如陶城乙线 60214B 相、陶城甲线 60213B 相虽然相比超过 50%，但与交接值相比无异常增长。

为进一步验证该变电站出线避雷器试验可靠性，2017 年 6 月 19 日（阵雨后），国网石嘴山供电公司配合国网宁夏电力科学研究院专业人员，对该站避雷器直流 1mA 电压（U_{1mA}）及在 0.75 U_{1mA} 下漏电流试验进行了复测，分别抽取 A 相下节、B 相上节和 C 相上节进行验证测试，并对试验偏差最大的 A 相下节分别在加屏蔽和不加屏蔽两种状态下进行测试比对，测试结果如表 3-3 所示。

表 3-3　线路避雷器直流验证试验测试数据

相别	测试日期	U_{1mA} (kV)	U_{1mA} 初值 (kV)	U_{1mA} 初值差	0.75 U_{1mA} 泄漏电流 (μA)	是否加屏蔽
A 相下节	6 月 15 日	91.4	158.6	−42.37%	293.4	否
	6 月 19 日	84.0		−47.04%	385.1	否
		84.7		−46.60%	322.4	是
B 相上节	6 月 15 日	159.0	158.1	0.57%	185	否
	6 月 19 日	155.8		−1.45%	330	否
C 相上节	6 月 15 日	159.6	158.5	0.69%	10.1	否
	6 月 19 日	159.4		0.57%	17.2	否

对 A 相避雷器下节单独进行泄漏电流伏安特性曲线测试，测试数据如表 3-4 所示，伏安曲线图如图 3-2 所示。

表 3-4　线路避雷器 A 相下节伏安特性测试数据

序号	泄漏电流 (μA)	U_{mA} (kV)
1	100.8	15.9
2	197.0	28.2
3	300.2	37.0

续表

序号	泄漏电流（μA）	U_{mA}（kV）
4	400.5	75.7
5	500.8	79.6
6	600.0	81.7
7	800.6	83.5
8	1000	85.6

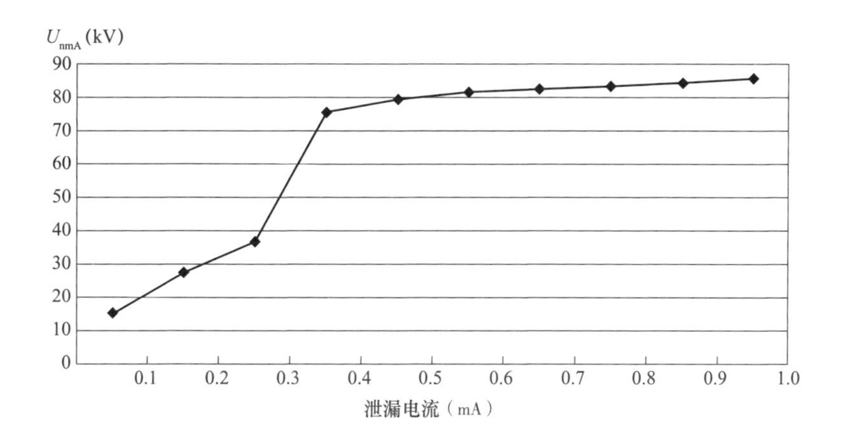

图 3-2　线路避雷器 A 相下节伏安特性曲线图

由表 3-3 可以看出，6 月 19 日，经过一场阵雨后，A 相避雷器下节、B 相避雷器上节均较 6 月 15 日测试值有较明显劣化现象，而之前试验合格的 C 相避雷器下节较 6 月 15 日测试值几乎没有变化。由表 3-4 及图 3-2 可以看出，A 相避雷器下节伏安特性曲线已明显偏离，且拐点仅在 0.3~0.4mA 附近，且在加压至某一稳定值时，电流随时间呈现明显下降趋势，内部极性效应较明显。由此判断：该避雷器 A 相上、下节，B 相上节均超过规程标准值，判定试验不合格，怀疑内部存在整体受潮现象。

3.1.2.2 解体分析

2017 年 6 月 22 日，在国网石嘴山供电公司库房对该变电站线路避雷器 A 相上、下节进行解体检查，避雷器内部结构示意图及检查情况如图 3-3 所示。

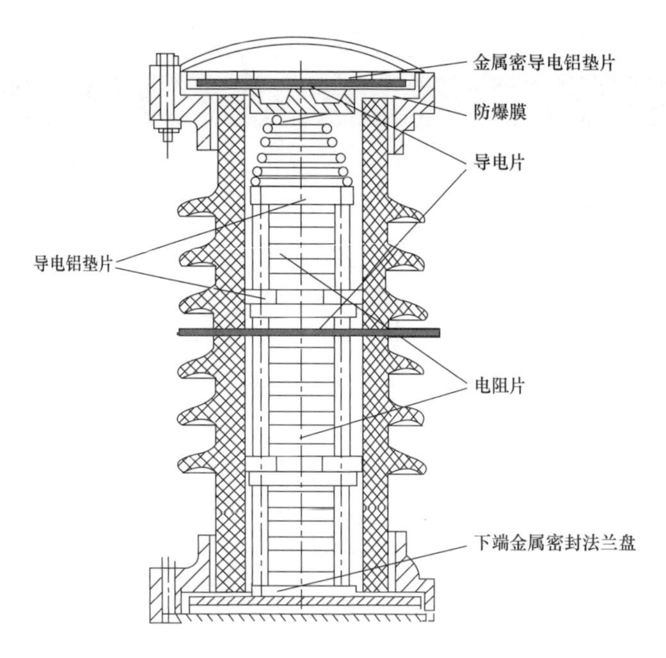

图 3-3　避雷器内部结构示意图

拆除避雷器密封法兰盘时，发现密封法兰盘紧固螺丝存在断裂，但未发现螺丝帽断裂、螺丝松动等问题；导电片上存在潮湿水迹，上、下节避雷器解体的电阻片上均发现水迹、水渍；在下节避雷器的绝缘筒最下端发现黑色放电烧蚀痕迹。拆解结果如表 3–5 所示。

表 3–5　避雷器拆解结果

线路避雷器 A 相上节	线路避雷器 A 相下节
A 相上节整体外观良好	A 相下节整体外观良好

续表

线路避雷器 A 相上节	线路避雷器 A 相下节
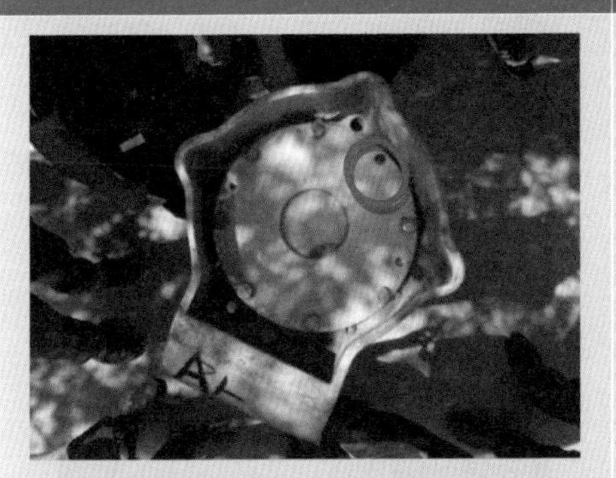 密封法兰盘螺丝断掉，未发现断掉的螺丝帽	 密封法兰盘未发现螺丝断掉
 拆卸密封法兰盘螺丝过程发现一处螺丝松动	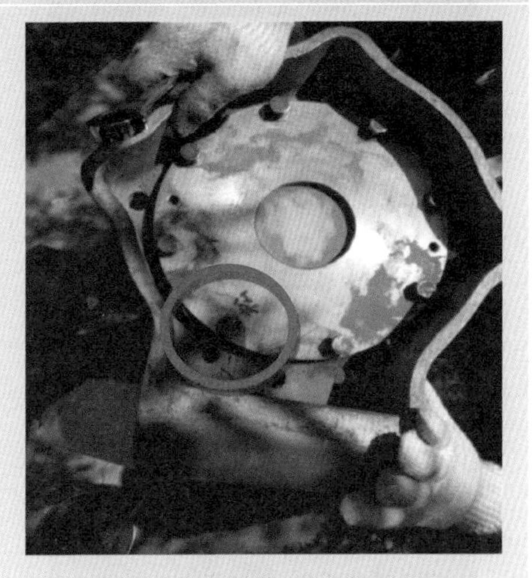 密封法兰盘发现一处螺丝松动
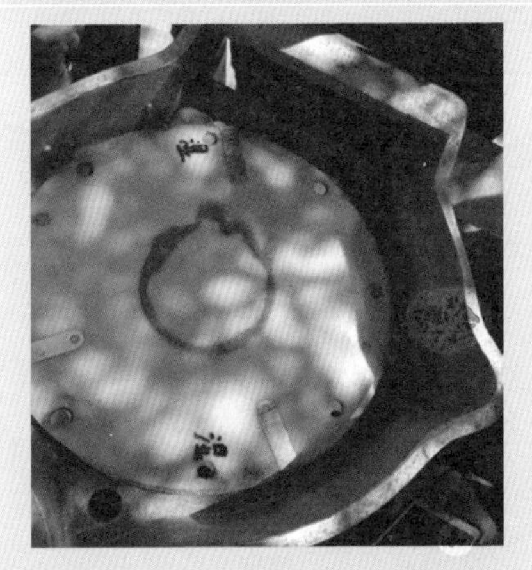 防爆膜上发现有两处螺丝孔较湿润	 防爆膜检查情况良好

续表

<table>
<tr><th>线路避雷器 A 相上节</th><th>线路避雷器 A 相下节</th></tr>
<tr><td>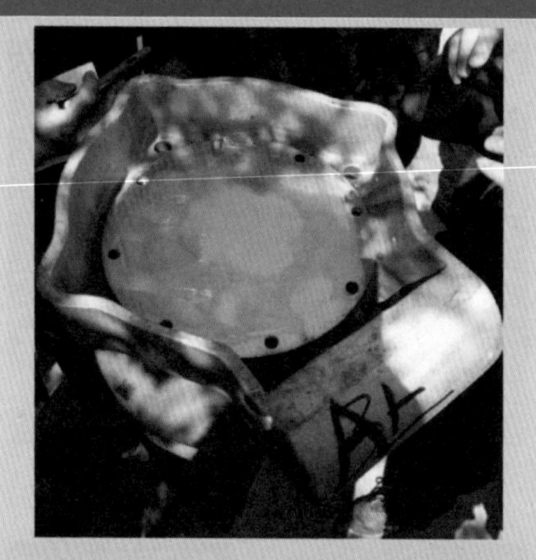
导电片上有潮湿的水迹</td><td>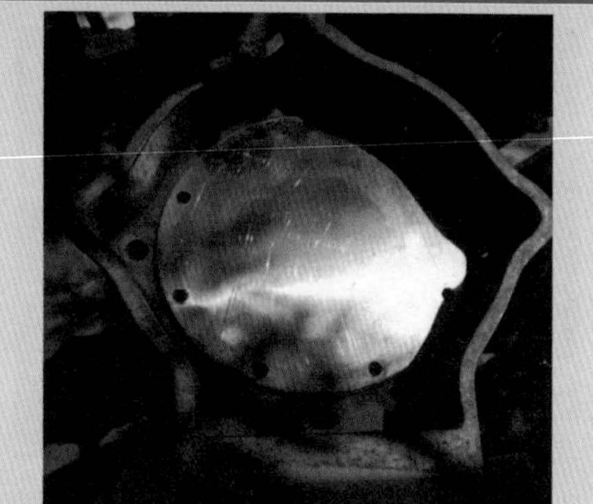
导电片上有潮湿的水迹</td></tr>
<tr><td>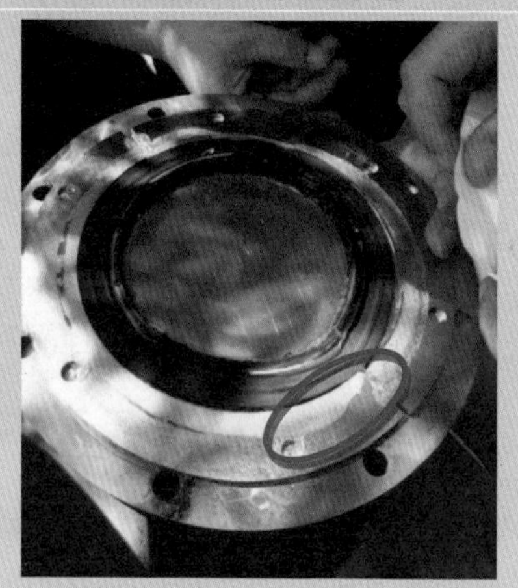
导电片的密封垫圈沟槽有折叠</td><td>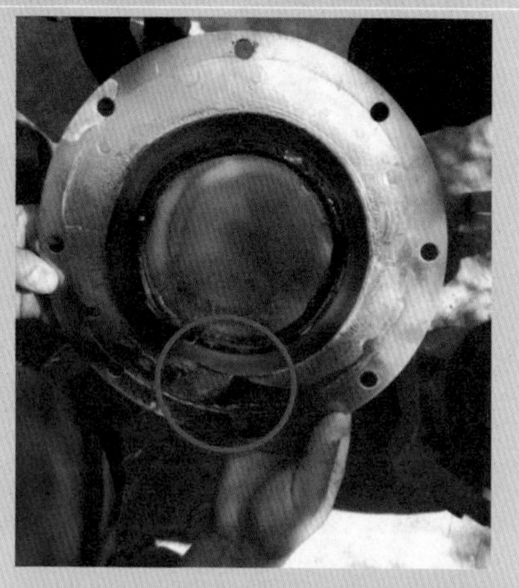
导电片的密封垫圈沟槽扭曲，不规整</td></tr>
<tr><td>
导电片取下后，弹簧情况</td><td>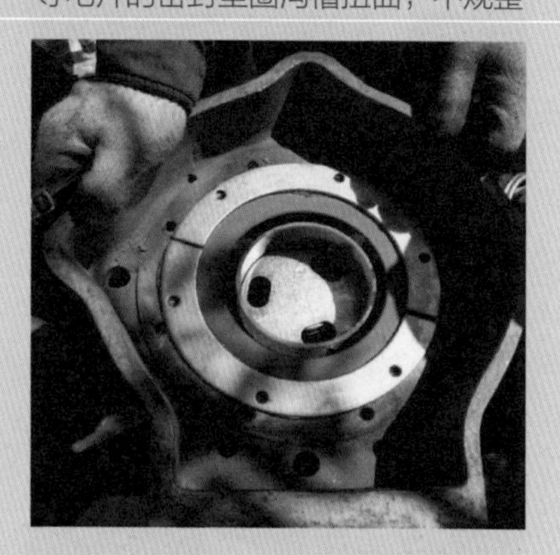
导电片取下后情况</td></tr>
</table>

续表

线路避雷器 A 相上节	线路避雷器 A 相下节
 取出避雷器电阻片固定绝缘筒紧固塞子	 取出电阻片固定绝缘筒紧固塞子
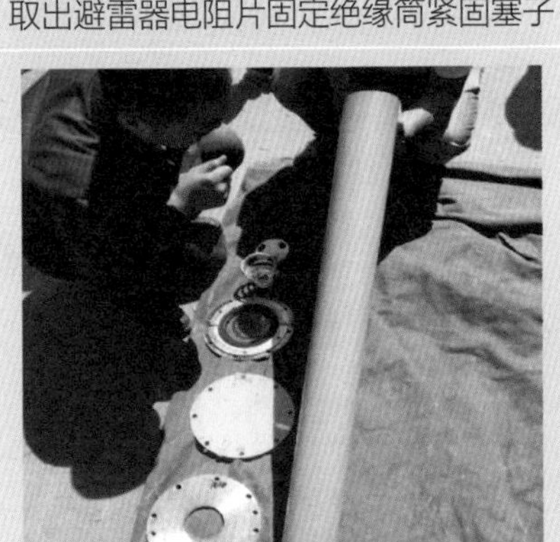 上节绝缘筒情况良好未发现疑点	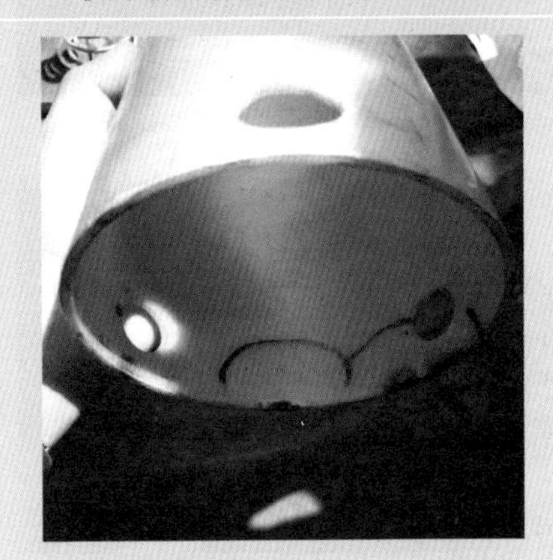 下节绝缘筒最下端发现放电痕迹
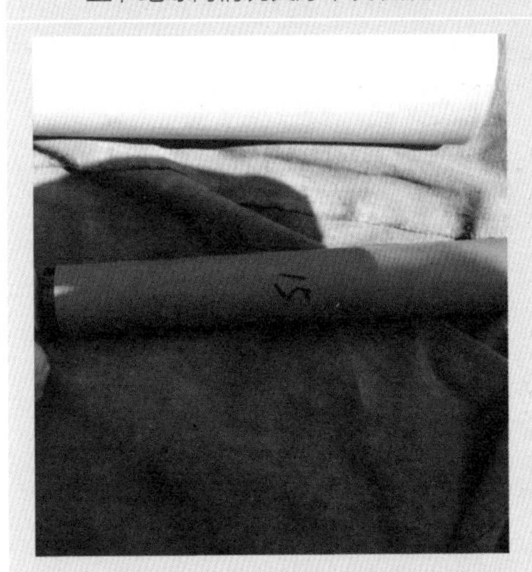 上节第一串电阻片外绝缘潮湿	 下节第一串电阻片外绝缘潮湿

<table>
<tr><th>线路避雷器 A 相上节</th><th>线路避雷器 A 相下节</th></tr>
<tr><td>
上节第二串电阻片检查外观发现水迹、水渍</td><td>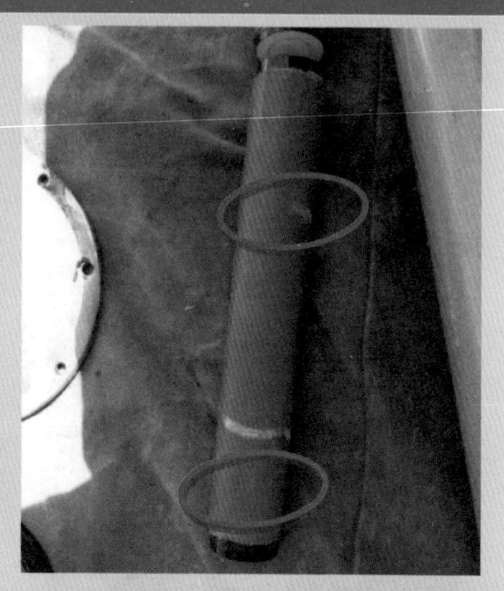
下节第二串电阻片外观检查发现两处水渍痕迹</td></tr>
<tr><td>
电阻片间导电铝垫片有水渍</td><td>
电阻片间导电铝垫片有水渍</td></tr>
<tr><td>
上节下端密封法兰盘发现一处螺丝断裂、两处螺丝松动</td><td>
下节下端密封法兰盘密封较好，未发现螺丝断裂，螺丝松动</td></tr>
</table>

续表

<table>
<tr><th>线路避雷器 A 相上节</th><th>线路避雷器 A 相下节</th></tr>
<tr><td>
上接触面有污痕</td><td>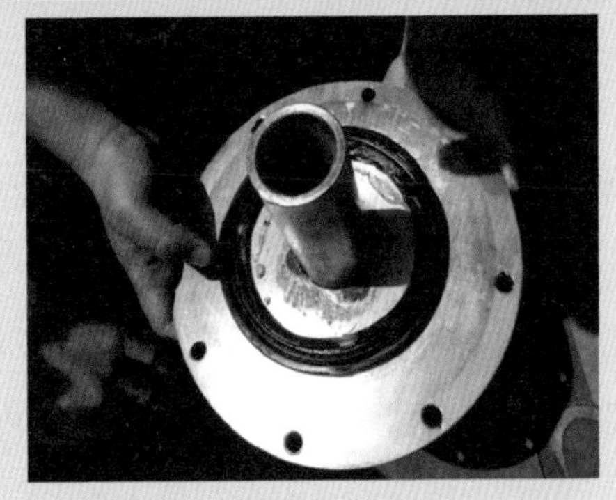
下接触面未见明显污痕</td></tr>
<tr><td>
密封垫圈有一处折叠，不规整</td><td>
密封垫圈有 3 处折叠，不规整，无法密封紧密</td></tr>
<tr><td></td><td></td></tr>
<tr><td colspan="2">避雷器内部所有部件取出情况</td></tr>
</table>

3.1.3 结论及建议

3.1.3.1 结论

（1）线路避雷器运行电压下全电流和阻性电流偏大现象系避雷器内部整体受潮所致，由于未出现局部集中性受潮现象，红外测温表征并不明显。停电试验验证的结果与解体验证结果一致，由于水是负极性分子，当施加负极性直流电压进行试验时，水分子被极化，在电场作用下电压加至某一值时，泄漏电流呈现下降趋势，致使避雷器内部电阻片拐点偏移。

（2）线路避雷器在制造工艺上存在明显质量把控不严现象，金属密封法兰盘密封不严，密封垫变形，安装工艺不良是造成此次避雷器内部受潮的原因。

3.1.3.2 建议

（1）宁夏石嘴山地区六七月份多雨多雷，雷击过电压有可能导致避雷器劣化加剧，甚至引起损毁。国网石嘴山供电公司应重点加强对城关变处于运行状态的220kV避雷器泄漏电流的日常巡视工作。

（2）对日常巡视中发现的泄漏电流增长较快的避雷器，国网石嘴山供电公司增加相关带电检测工作，以数据为依据，综合判断设备状态。一旦设备劣化严重，应立即申请停电，并及时上报。

（3）生产厂家负责对该批次（共10组）避雷器的更换、安装、保修工作，并制定合理的更换方案，报国网石嘴山供电公司审批；国网石嘴山供电公司负责对现场施工的安全和技术把控，组织对更换避雷器的验收工作，并配合现场避雷器更换、安装工作。

（4）国网宁夏电力科学研究院负责对国网宁夏电力公司系统内部该厂家生产的避雷器进行梳理和排查，重点梳理和排查2014年7月出厂的同型号、同批次产品。

3.2

某 ±660kV 换流站极Ⅱ YD-B 相换流变压器避雷器故障

3.2.1 故障简介

3.2.1.1 故障描述

2018 年 5 月 29 日 22 时，某 ±660kV 换流站检修人员进行设备精确红外测温时发现，极Ⅱ Y/D-B 相换流变压器 F1 避雷器较其他两相有较大温差，进行跟踪复测及比对后，确认上述避雷器存在局部发热现象，依据《国家电网公司变电运维管理规定（试行）第 8 分册 避雷器运维细则》中“4.1.1.2 整体或局部发热，相间温差超过 1K”时异常处理原则：“1）确认本体发热后，可判断为内部异常；2）立即汇报值班调控人员申请停运处理”的规定，以及《带电设备红外诊断应用规范》中缺陷类型的确定及处理方法“对电压致热型设备，当缺陷明显时，应立即消缺或退出运行”的规定，对该换流站极Ⅱ停运进行极Ⅱ Y/D-B 相换流变压器 F1 避雷器更换处理。

3.2.1.2 故障设备信息

该换流站极Ⅱ Y/D-B 相换流变压器 F1 避雷器选用瓷套型无间隙金属氧化物避雷器，型号为 Y10W1-300/727GW，避雷器编号为 00439，持续运行电压为 228kV，直流 1mA 参考电压为 425kV，出厂时间为 2010 年 8 月，投运时间为 2011 年 2 月 28 日。

3.2.1.3 故障前运行情况

晴朗天气，环境温度 28℃。该换流站 750、330kV 为 3/2 接线，66kV 为单母线接线，1 号和 2 号主变压器并列运行，直流双极大地回线方式，外送功率 4000MW。

3.2.2 故障原因分析

3.2.2.1 现场检查及试验分析

（1）红外测温。2018 年 5 月 29 日，该换流站检修人员对极Ⅱ换流变压器进行红外测温，发现极Ⅱ Y/D–B 相换流变压器 F1 避雷器较其他两相温度相差较大。为排除环境及光线干扰，运行人员进行了跟踪测温比对，夜间 22 时，复测比对发现 B 相避雷器本体温度仍然与其他两相有较大差别，其中 B 相为 40.4℃，A 相为 32.5℃，C 相为 31.6℃，最大相差 9K，具体情况见表 3–6。

表 3–6　该换流站极Ⅱ换流变压器 Γ1 避雷器测温表

相别	温度（℃）	图谱
极Ⅱ Y/D–A	32.5	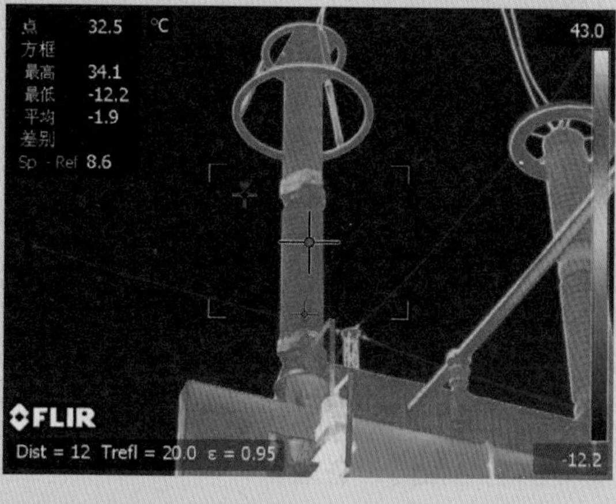
极Ⅱ Y/D–B	40.4	

续表

相别	温度（℃）	图谱
极Ⅱ Y/D-C	31.6	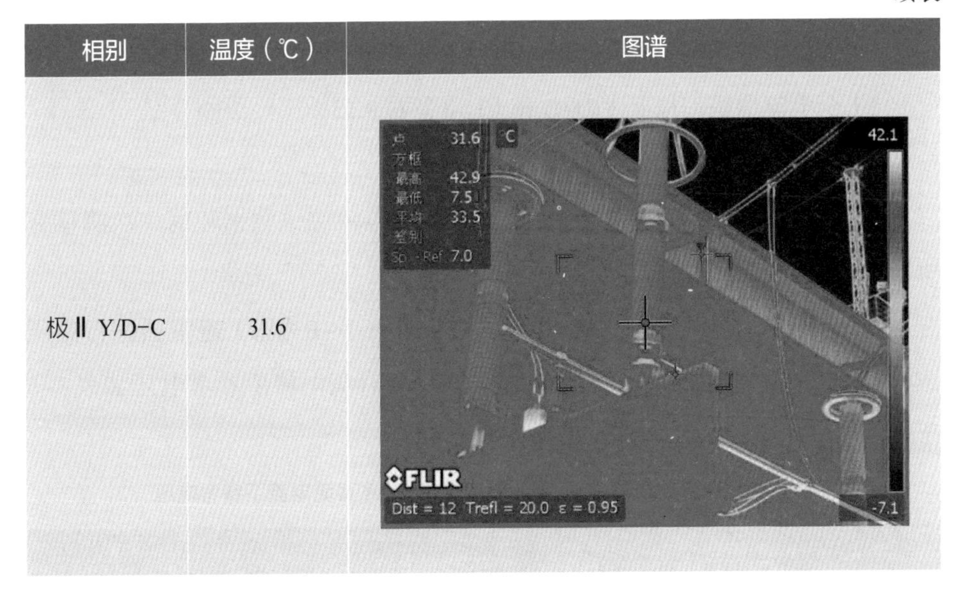

（2）阻性电流及全电流测试。带电检测人员对极Ⅱ Y/D-A、极Ⅱ Y/D-B、极Ⅱ Y/D-C 相 F1 避雷器进行阻性电流及全电流测试试验。

现场试验数据与 2018 年 3 月 6 日试验数据进行比对，阻性电流及全电流比对表如表 3-7 和表 3-8 所示。

表 3-7　该换流站极Ⅱ换流变压器 F1 避雷器阻性电流测试比对表

试验项目 / 测试日期	极Ⅱ Y/D-A F1 避雷器阻性电流 I_{r1p}(mA)	极Ⅱ Y/D-B F1 避雷器阻性电流 I_{r1p}(mA)	极Ⅱ Y/D-C F1 避雷器阻性电流 I_{r1p}(mA)
2018 年 3 月 6 日	0.319	0.250	0.230
2018 年 5 月 30 日	0.409	0.320	0.315
增幅	28.21%	28.00%	36.95%

表 3-8　该换流站极Ⅱ换流变压器 F1 避雷器全电流测试比对表

试验项目 / 测试日期	极Ⅱ Y/D-A F1 避雷器全电流 I_x(mA)	极Ⅱ Y/D-B F1 避雷器全电流 I_x(mA)	极Ⅱ Y/D-C F1 避雷器全电流 I_x(mA)
2018 年 3 月 6 日	1.596	1.501	1.516
2018 年 5 月 30 日	1.717	1.638	1.623
增幅	7.58%	9.13%	7.06%

根据 Q/GDW 1168–2013《输变电设备状态检修试验规程》，判断如下：

1）阻性电流增幅：极Ⅱ Y/D–B 相 F1 避雷器 28.00%（≤ 50%）；

2）全电流增幅：极Ⅱ Y/D–B 相 F1 避雷器 9.13%（≤ 20%）；

3）横向数据对比无显著差异。

综上分析，极Ⅱ Y/D–B 相 F1 避雷器阻性电流测试数据较前一次测试有所增加，但符合规程要求。

（3）停电后检查情况。停电后，对极Ⅱ Y/D–B 相 F1 避雷器进行高压试验，测得避雷器 0.75 U_{1mA} 下泄漏电流与 1mA 直流电流下参考电压如表 3–9 所示。

表 3–9　避雷器 0.75 U_{1mA} 下泄漏电流与 1mA 直流电流下参考电压

测试项目 \ 位置	0.75 U_{1mA} 下泄漏电流（μA）	直流 1mA 下电压 U_{1mA}（kV）
上节 / 下节（本次测量值）	31.0/29.6	211.2/214.0
上节 / 下节（初值）	21/10	220.3/218.4
初值差	47.6% /196%	−4.13% /2%

根据 Q/GDW 1168–2013《输变电设备状态检修试验规程》，金属氧化物避雷器 U_{1mA} 初值差不超过 ±5% 且不低于 GB 11032 规定值（注意值）；0.75 U_{1mA} 泄漏电流初值差不大于 30% 或不大于 50μA（注意值）。

综上分析，极Ⅱ Y/D–B 相 F1 避雷器高压试验测试结果与交接试验值存在偏差，但满足规程要求。

3.2.2.2 解体分析

（1）2018 年 6 月 6 日，将发热避雷器返厂开展相关试验工作，试验项目及结果如下。

1）持续电流试验。避雷器的持续运行电压为 228kV（有效值）。对每节所施加的电压为 114kV。在此电压下测量其全电流及阻性电流，全电流（有效值）应不大于 2.5mA，阻性电流（基波峰值）应不大于 0.5mA。

2）工频参考电压试验。对避雷器测量工频参考电流为 5mA 下的工频参考电压值（峰值 $/\sqrt{2}$）。分别对每节测量其工频参考电压，避雷器的工频参考电压值为每节工频参考电压的算数和。

3）直流参考电压试验。对避雷器测量直流参考电流 1mA 下的直流参考电压值，其值应不小于 425kV，分别对每节测量其直流参考电压，避雷器的直流参考电压值为每节直流参考电压的算数和。

4）0.75 倍直流参考电压下的泄漏电流。测量避雷器在 0.75 倍直流参考电压下的泄漏电流，其值应不大于 50μA。

5）局部放电试验。避雷器在 1.05 倍持续运行电压，即 239.4kV（有效值）下的内部局部放电量应不大于 10pC，对每节施加电压为 1.05 × 228/2kV。

6）密封性能试验。对避雷器用氦质谱检漏仪检漏法进行试验，漏气率应不大于 6.65×10^{-5}Pa · L/s，测试漏气率在 10^{-8}Pa · L/s 数量级，密封性测试合格。

试验结果如表 3–10 所示。

表 3–10　发热避雷器复测出厂试验数据

试验项目		持续运行电压 114kV		工频 5mA	直流 1mA	0.75 倍直流参考电压	1.05 × 228/2kV 有效值	密封性能
试品编号		全电流（mA，有效值）	阻性电流（mA，基波，峰值）	参考电压（kV，峰值 $/\sqrt{2}$）	参考电压（kV）	泄漏电流（μA）	局部放电量（pC）	小于 6.65×10^{-5} Pa · L/s
00439 下	本次试验	1.385	0.338	164.1	218	16	4	合格
	出厂试验	1.493	0.288	177.8	220	16	5	–
	变化率	–7.2%	17.3%	–7.7%	–	–	–	–
00439 上	本次试验	1.374	0.335	164.7	217	16	4	合格
	出厂试验	1.486	0.290	178.7	221	16	3	–
	变化率	–7.5%	15.5%	–7.8%	–	–	–	–

出厂试验复测结果中，持续运行电压下的阻性电流较出厂结果有所增加，下节增幅 17.3%，上节增幅 15.5%；工频 5mA 阻性电流参考电压较出厂结果有所减小，下节下降 7.7%，上节下降 7.8%。以上试验结果均在合格范围内。

（2）解体检查情况。对发热避雷器进行解体检查（见图 3-4），避雷器内部及阀片无明显损伤。

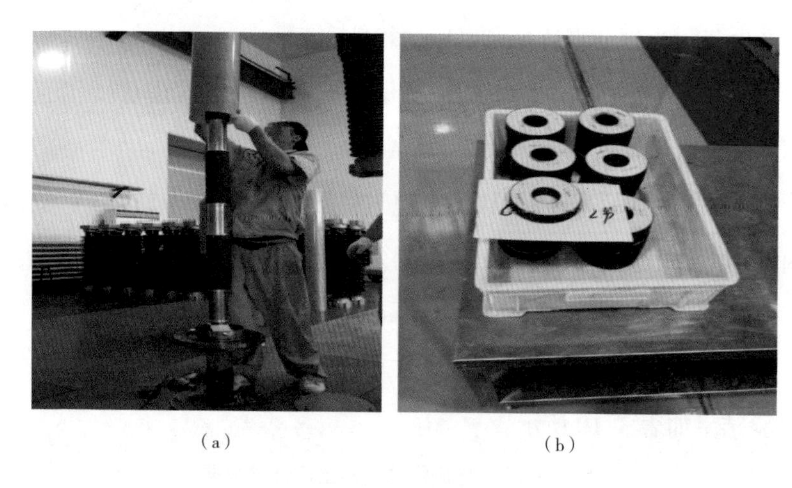

（a）　　　　　　　　　　（b）

图 3-4　避雷器解体图

（a）避雷器内部图；（b）避雷器阀片图

（3）阀片试验避雷器解体后，对所有阀片逐一进行试验，试验项目包括直流 1mA 参考电压试验、0.75 倍直流参考电压下泄漏电流试验、标称电流下残压试验和方波冲击试验。

阀片试验中，泄漏电流数值均小于 50μA 的合格范围内，但阀片间数值存在差异、离散性较大：下节 8 号阀片为 12μA，下节 1 号阀片则达到 38μA。

方波冲击试验中，上节的 34 号阀片被击穿，如图 3-5 所示。

图 3-5　方波冲击试验中被击穿的阀片

3.2.3 结论及建议

3.2.3.1 结论

根据现场检查、返厂解体试验及检查结果，分析避雷器发热主要原因为：持续运行电压下的阻性电流较出厂结果有所增加，工频 5mA 阻性电流参考电压较出厂结果有所减小，阀片试验中，泄漏电流数值均在小于 50μA 的合格范围内，但阀片间数值存在差异、离散性较大，运行电压下的温升试验中下节较上节存在 1.9K 的温差。

至 2018 年，该产品已运行 7 年，综合以上数据分析，试验数据在合格范围内，避雷器内部部分阀片因制造工艺偏差，且随运行年限增加，特性发生变化，运行过程中产生局部发热导致上下节间及与其他相间存在温差。

3.2.3.2 建议

（1）定期对该换流站所辖避雷器进行红外测温比对，发现异常温升及时跟踪分析。

（2）在雷雨等恶劣天气后，及时对避雷器进行跟踪检查。

（3）继续与避雷器生产厂家及相关高校研究阀片特性变化与设备温升的关联性。

（4）加强红外测温力度，对发现温升异常的避雷器，缩短检测周期，利用阻性电流检测等方法，综合评价避雷器的健康状况。

3.3

某110kV变电站10kV Ⅰ母电压互感器避雷器绝缘击穿

3.3.1 故障简介

3.3.1.1 故障描述

2019年3月20日，中卫供电公司变电检修室接到通知，某110kV变电站10kV Ⅰ母电压互感器B相避雷器绝缘击穿，1号主变压器低压侧500、501跳闸，10kV Ⅰ、Ⅱ母失压，10kV配电室烟雾报警器报警。检修人员到达现场后，对10kV Ⅰ母电压互感器小车进行现场检查，发现B相避雷器绝缘击穿(爆炸断裂)，小车上一次设备（支柱绝缘子、三相避雷器、绝缘罩、小车底盘等）被熏黑、内部氧化锌单元散落在小车上，检查A、B两相避雷器，除外观被熏黑外，无其他异常。10kV Ⅰ母电压互感器（在开关柜电缆室）外观检查正常，未发现受避雷器爆炸影响痕迹，随后试验人员对A、C相避雷器及三相电压互感器进行试验。

（1）避雷器检查试验。依据Q/GDW 1168—2013《输变电状态检修试验规程》，避雷器直流1mA电压及在0.75 U_{1mA} 泄漏电流测量：① U_{1mA} 初值差不超过 ±5% 且不低于GB 11032规定值（注意值）；② 0.75 U_{1mA} 下的泄漏电流不应大于50μA。经检查A、C相避雷器试验合格，B相已损坏。

（2）电压互感器检查试验结果如表3–11所示。

表3–11　电压互感器二次直阻和变比实验结果

相别	A		B		C	
	交接值	检查值	交接值	检查值	交接值	检查值
一次直阻（Ω）	315.2	335.7	315.5	331.5	315.8	333.3

续表

相别		A		B		C	
		交接值	检查值	交接值	检查值	交接值	检查值
二次直阻（Ω）	1a1n	0.055	0.058	0.055	0.059	0.054	0.058
	2a2n	0.081	0.087	0.082	0.087	0.081	0.086
	dadn	0.116	0.124	0.115	0.122	0.116	0.123
变比	1a1n	99.25	99.78	99.17	99.80	99.20	99.81
	2a2n	99.51	99.81	99.08	99.80	99.26	99.79
	dadn	169.51	169.84	169.55	169.81	169.46	169.76

根据 Q/GDW 1168—2013《输变电设备状态检修试验规程》，电压互感器试验项目与测试结果符合规程要求，试验合格。

3.3.1.2 故障设备信息

设备型号为 YH5WZ-17/45，出厂编号为 4345，出厂时间为 2016 年 3 月。

3.3.2 故障原因分析

3.3.2.1 现场检查及试验分析

发生故障后，现场对设备进行检查，检查结果如图 3-6~ 图 3-9 所示。

图 3-6　电压互感器小车受损

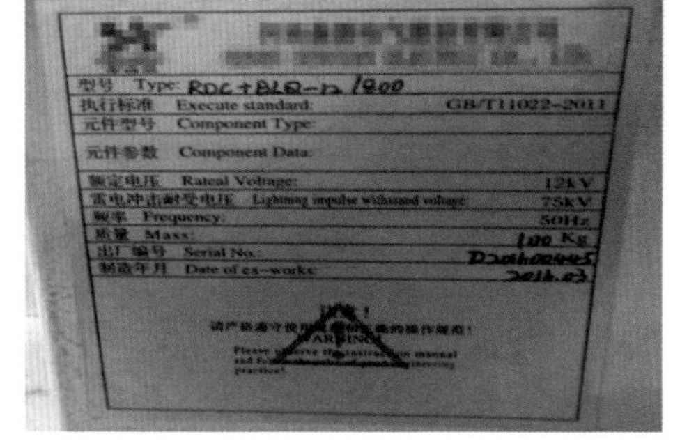

图 3-7　电压互感器小车铭牌

图 3-8　损坏的避雷器

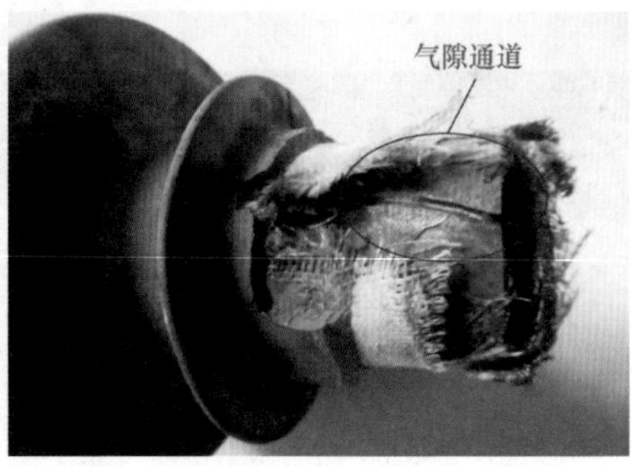

图 3-9　B 相避雷器局部图

由于B相避雷器炸裂，支柱绝缘子及绝缘罩外表面有脏污、灼伤痕迹，因此对6支支柱绝缘子进行更换，对绝缘罩、绝缘筒（无相关备件）进行清洁处理，处理后对小车进行耐压试验，在进行小车整体对地耐压试验时，试验电压上升至42kV保持过程中，A、C相触臂座对小车车体部位尖端放电，耐压试验不合格。检查分析发现A、C相触臂座对小车车体部位距离仅为80mm，增加绝缘罩增强绝缘，在本次事故影响下绝缘下降，导致耐压试验不合格。

3.3.2.2 综合分析

根据试验结果及相关资料查证，造成避雷器击穿主要原因有：

（1）避雷器的两端加工粗糙、使潮气或水分浸入，造成内部绝缘损坏。

（2）额定电压和持续运行电压取值偏低。

（3）电网电压波动。

（4）避雷器阀片劣化造成内部放电，引起击穿。

（5）避雷器工艺质量控制不严，使得阀片的耐受冲击电压能力不强。

（6）避雷器自身过电压能力差。

现场调查结果及现象分析认为：

（1）遥测数据中，该变电站故障前，某10kV唐坡线C相线路有接地故障，A、B相电压上升至线电压。

（2）避雷器第二块阀片表面有明显的贯穿性放电通道，第三到第五块阀片轴向有明显的放电孔洞，初步怀疑第二块阀片存在内部缺陷，使其非线性特性变差，在系统过电压作用下，该阀片承受内部过热和电动力，在此处炸裂开。

（3）现场对 A、C 相避雷器模拟施加系统过电压 15kV 时电压值，10min 未见异常，模拟试验可判断 A、C 两相避雷器试验合格。

（4）小车受损及支柱绝缘子有灼烧痕迹说明避雷器动作后燃弧时间长，主要支撑元件破损。在较大电动力的作用下避雷器外形变形严重。

（5）避雷器额定电压和持续运行电压满足现场要求及系统绝缘配合。

3.3.3 结论及建议

3.3.3.1 结论

造成此次故障的主要原因为：10kV Ⅰ母 B 相避雷器内部第二块阀片存在内部缺陷，在承受较高电压过程中，避雷器内部过热并在机械力作用下炸裂。

次要原因为：唐坡线 512 线路 C 相接地引起的母线过电压可能是引起 B 相避雷器绝缘击穿的诱因。

3.3.3.2 建议

（1）加强变电设备排查检修力度，对同型号设备适当缩短检修周期或及时开展动态评价，保证其运行可靠性，必要时对该型号设备逐渐予以更换。

（2）A、C 相触臂座对小车车体部位空气净距仅为 80mm，不满足《国家电网有限公司十八项电网重大反事故措施（2018 年修订版）》要求。该反措 12.4.1.2.3 中规定；新安装开关柜禁止使用绝缘隔板，即使母线加装绝缘护套和热缩绝缘材料，也应满足空气绝缘净距离要求，并且开关柜的额定电压为 12kV 时相间和相对地的空气绝缘距离应大于等于 125mm。经与厂家沟通后，对设备进行改造处理并加强设备验收，杜绝设备带缺陷投运，严格落实新反措要求，确保开关柜设备空气净距符合要求。

（3）加大电力线路的排查、检查和宣传力度，切实减少线路接地故障的发生。

（4）及时采购相关配件，到货后及时更换受损绝缘件（绝缘罩、绝缘筒），确保设备可靠稳定运行。

3.4

某 10kV 变电站电压互感器烧损的处理与分析

3.4.1 故障简介

3.4.1.1 故障描述

某变电站遥信报“10kV Ⅰ母线接地，动作并复归”告警，电压为 U_a=0.6kV、U_b=10.2kV、U_c=10.6kV，$3U_0$=120V；调度进行接地选线工作，未能解除故障。8min 后，遥信报“火灾报警动作”告警信号。16min 后，该站 1 号主变压器中、低后备保护动作，2 号主变压器中后备保护动作，1 号主变压器 501 开关、300 母联开关开关跳闸，10kV Ⅰ段失压。

3.4.1.2 故障设备信息

设备型号为 HY5WZ1-17/45，设备类型为合成绝缘型氧化锌无间隙避雷器，标称电流为 5kA，额定电压为 17kV。

3.4.2 故障原因分析

3.4.2.1 现场检查及试验分析

（1）现场检查发现 10kV 配电室 51-9PT 柜柜门已被炸开，柜内控制回路二次线已全部烧毁，线芯裸露，电压互感器小车上的避雷器已全部烧毁。

（2）将电压互感器小车拉出柜外，经检查，电压互感器一次保险完好，无烧断现象；电压互感器良好，无烧损、裂纹现象；避雷器 A 相已全部烧毁，B、C 两相均不同程度烧损。51-9PT 柜柜内静触头完好，穿墙套管口塑料熔化，开关柜左右壁均烧穿直径约 5cm 圆洞，柜门变形，无法正常关闭。现场设备烧损情况如图 3-10 和图 3-11 所示。

图 3-10　开关柜仪表室

图 3-11　开关柜避雷器

（3）检修人员将柜内烧毁二次线及残渣全部清理出 51-9PT 柜，擦拭静触头及内壁穿墙套管后，用绝缘电阻表进行绝缘电阻测试，三只套管及柜内母线绝缘均在 10 万 MΩ 以上。打开柜顶母线室，经检查，确认母线完好，无放电、烧毁痕迹，将 51-9PT 柜暂时退出运行，待更换。对残余的 B、C 相避雷器进行了加压试验，并用红外成像仪监测试品的温度变化，试验结果如表 3-12 所示。

表 3-12　残余 B、C 相避雷器不同电压下的发热情况

外加电压（kV）	B 相	C 相
10	正常	正常
17	发热	发热
24	极速发热（4s）	极速发热（7s）
24	冒烟（26s）	冒烟（32s）

之后，又与另一厂家生产的避雷器做了温升对比试验，试验结果如表 3-13 所示。

表 3–13　温升对比试验结果（μL/L）

加压时间	B 相温度（℃）	C 相温度（℃）	正常避雷器温度（℃）
24kV（1min）	69	66	28
24kV（2min）	99	97	49
24kV（3min）	125	131	75
自然状态（4min）	143	164	116

试验表明，B、C 相避雷器在额定工作电压（17kV）已经发热，随着电压的升高，发热会加剧并最终出现冒烟现象。

2010 年和 2011 年的运行记录表明，某 10kV 系统在 2010 年发生了 8 次 A 相过电压事件，2011 年发生 3 次 A 相过电压事件，多次的过电压负载有可能使避雷器的电气性能发生劣化，甚至造成避雷器在正常运行电压下发热乃至爆炸。

3.4.2.2 解体分析

完成电气试验之后，实验人员拆解了故障避雷器，并同已退出运行但性能良好的另一支避雷器做了比较，具体情况见表 3–14。

通过图片对比发现，故障避雷器顶端密封不严，硅橡胶外套与阀体之间粘合不严，有明显空隙，长期运行必然受潮；同时，阀芯外部为瓷制品，解体后发现瓷套多处断裂，阀芯已断成多节。制造工艺良好的避雷器，其阀芯外包有玻璃纤维树脂，构成避雷器内绝缘，并增强避雷器的机械强度。同时，玻璃纤维树脂和硅橡胶外套是用粘合剂粘合在一起，以防止绝缘受潮（有的直接在玻璃纤维树脂外浇注复合绝缘外套）。

表 3–14　故障避雷器与性能良好避雷器解体对比检查

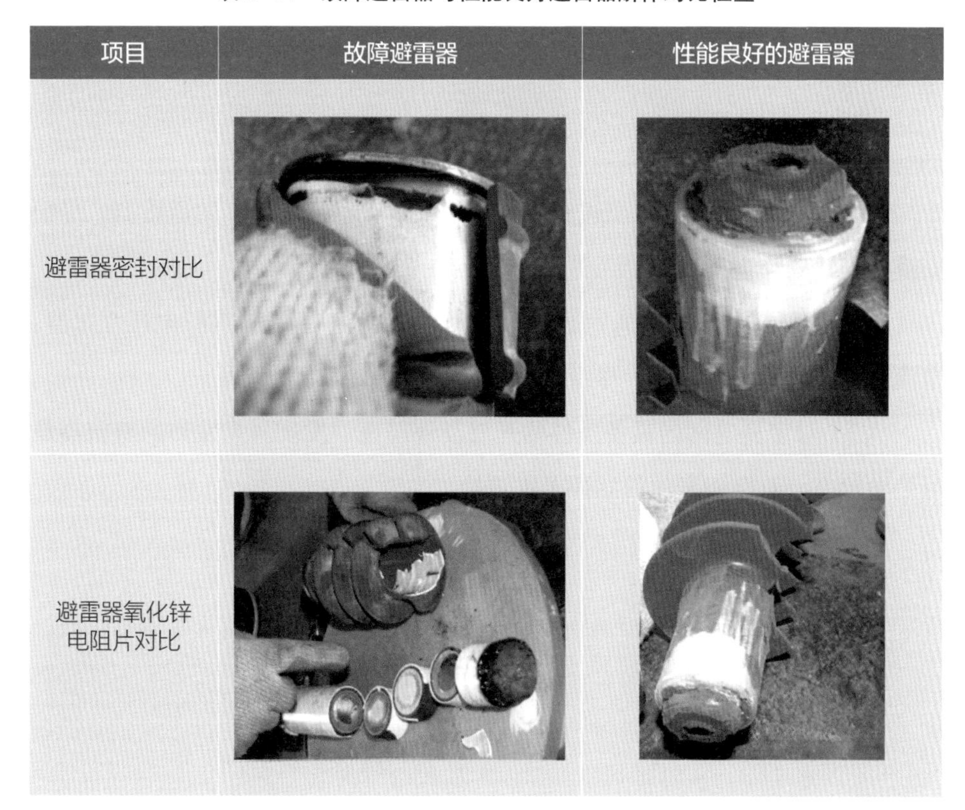

项目	故障避雷器	性能良好的避雷器
避雷器密封对比	—	—
避雷器氧化锌电阻片对比	—	—

3.4.3 结论及建议

3.4.3.1 结论

综上所述，此次故障发生的过程可描述如下：由于故障避雷器所采用技术落后、制造工艺不过关，导致该避雷器在运行中受潮并发热。随着运行时间的推移，避雷器在热和系统过电压的作用下，其性能不断恶化，发热更加剧烈，避雷器内绝缘被击穿，造成系统单相接地，并伴有烟尘产生（22 时 10 分造成火灾报警动作）。因该变电站 10kV 系统为中性点不接地系统，单相接地后系统仍在运行，但随着故障的发展，故障避雷器产生的烟尘越来越多，这些含有氧化锌成分的导电烟尘弥漫在三相避雷器及其连接铜排的电气间隙之间，最终导致相间空气间隙击穿，造成相间乃至三相短路故障，保护跳闸（22

时26分)。相间短路所产生的大量热、气体和电动力造成了三相避雷器烧损(其中故障相A相烧损严重)、电压互感器柜门被炸裂烧损等故障后果。

3.4.3.2 建议

(1)对宁夏电网避雷器进行排查，建议对于该厂家生产的避雷器，尽快安排检查计划并进行更换。

(2)进一步规范35、10kV配电柜的招标,要明确柜内避雷器、电压互感器、电流互感器等的技术规范，尽量选用运行业绩好的厂家的产品。

(3)对宁夏电网内具备条件的开展红外巡视，发现异常发热的避雷器及时停电检查，对性能劣化的立即予以更换。

参考文献

[1] 国家电网公司 . 国家电网有限公司十八项电网重大反事故措施 [Z]. 北京：国家电网公司，2012.

[2] 王世祥 . 电压互感器现场验收及运行维护 [M]. 北京：中国电力出版社，2015.

[3] 张全元 . 变电运行一次设备 [M]. 北京：中国电力出版社，2013.

[4] 国家电网人力资源部 . 国家电网公司生产技能人员职业能力培训专用教材油务试验 [M]. 北京：中国电力出版社，2011.

[5] 国家电网人力资源部 . 国家电网公司生产技能人员职业能力培训专用教材油务试验 [M]. 北京：中国电力出版社，2010.

[6] 国网宁夏电力有限公司电力科学研究院 . 变压器典型故障案例分析 [M]. 北京：中国电力出版社，2019.

[7] 国网宁夏电力有限公司电力科学研究院 . GIS 设备典型故障案例及分析 [M]. 北京：中国电力出版社，2019.

[8] 周秀，马飞越，李秀广，等 . 宁夏电网 GIS 常见漏气故障及典型案例分析 [J]. 宁夏电力，2019(04):37–39+66.

[9] 罗艳，周秀，唐长应，等 . 基于声电联合定位法在换流变局部放电检测中的应用 [J]. 变压器，2020,57(01):73–78.

[10] 周秀，周利军，马飞越，等 . 联合检测技术在换流变压器乙炔异常中的应用 [J]. 宁夏电力，2017(04):38–45.

[11] 刘威峰，马飞越，田禄，等 . SF_6 组合电器典型缺陷模型电场仿真优化设计 [J]. 宁夏电力，2019(01):46–50+64.

[12] 刘云蔚，孙泉，田泽群，等 .10~35kV 整只避雷器陡波冲击电流试验

方法的研究 [J]. 电瓷避雷器 ,2019(05):80-84.

[13] 高博，闫振华，赵禹来，等 . 瓷件微观结构对悬式瓷绝缘子机械性能和抗温度变化性能的影响研究 [J]. 电瓷避雷器，2019(05):255-261.

[14] 马云龙，闫振华 . 多直流外送电网直流偏磁影响及治理研究 [J]. 智慧电力，2018,46(11):98-104.

[15] 罗艳，马飞越，周秀，等 .363 kV GIS 设备同频同相交流耐压试验的研究与应用 [J]. 科学技术与工程，2019,19(29):130-136.

[16] 田天 . 基于 BSCCO-CC 的准各项同性超导股线电流特性研究 [J]. 宁夏电力，2019(01):9-15.

[17] 刘刚，刘鹍，艾兵，等 . 基于屏蔽和补偿措施的高压标准电流互感器研制 [J]. 变压器，2019,56(11):61-64.

[18] 李航康，王新燕，许灵洁，等 . 基于小电流法的电流互感器现场测试技术 [J]. 浙江电力，2019,38(11):46-51.